Stephan Baumgartner

Hauschkas Wägeversuche

MATHEMATISCH-ASTRONOMISCHE BLÄTTER
NEUE FOLGE
Band 16

Herausgegeben von der Mathematisch-Astronomischen Sektion
der Freien Hochschule für Geisteswissenschaft
am Goetheanum, Dornach (Schweiz)

Begründet von Louis Locher und Georg Unger

Redaktion: Renatus Ziegler

STEPHAN BAUMGARTNER

Hauschkas Wägeversuche

Gewichtsvariationen keimender Pflanzen
im geschlossenen System

Philosophisch-Anthroposophischer
VERLAG AM GOETHEANUM

Einbandgestaltung: Martin Diethelm, Suzanne Baumgartner

© Copyright 1992 Philosophisch-Anthroposophischer Verlag am Goetheanum
CH-4143 Dornach

Alle Rechte vorbehalten

Satz und Layout: Stephan Baumgartner
Herstellung: Copernicus, Graphische Werkstatt KG, D-5305 Alfter-Gielsdorf

ISBN 3-7235-0646-1

Inhaltsverzeichnis

1 Einleitung   **3**

2 Hauschkas Experimente   **5**
    2.1 Hintergrund und Motivation 5
    2.2 Technische Durchführung und Resultate 11
       2.2.1   Die Arlesheimer Zeit: 1934-1940 11
       2.2.2   Die Eckwäldener Zeit: 1952-1954 27
    2.3 Deutung 33

3 Ergebnisse anderer Forscher   **36**
    3.1 E. Rinck 36
    3.2 H. Hensel 37
    3.3 E. Spessard 38
    3.4 Weitere Untersuchungen 40
    3.5 Zusammenfassung 43

4 Nebeneffekte   **45**
    4.1 Theorie und Praxis des Wägens 45
       4.1.1   Idee der Wägung 45
       4.1.2   Verbreitete Waagentypen 47
       4.1.3   Absolut- und Relativwägungen 48
    4.2 Probleme des Wägens 50
       4.2.1   Fehler aufgrund fremder Kräfte 50
       4.2.2   Weitere systematische Fehlerquellen 56
       4.2.3   Fehler durch wechselnde Umweltbedingungen 57
    4.3 Abgeschlossenheit des Systems 62
       4.3.1   Glasgeometrie 63
       4.3.2   Glaschemie 65
       4.3.3   Glasphysik 70
    4.4 Sonstige Einflüsse 73
    4.5 Zusammenfassung 74

		4.6	Kritik von Hauschkas Vorgehen	78

5 Eigene Untersuchungen — 81

- 5.1 Vorgehen — 81
  - 5.1.1 Einleitendes — 81
  - 5.1.2 Ziel und Methodik — 82
- 5.2 Auswertung und Darstellung — 90
  - 5.2.1 Statistik — 90
  - 5.2.2 Auftriebskorrektur — 96
  - 5.2.3 Windkorrektur — 97
  - 5.2.4 Glasexpansionskorrektur — 99
- 5.3 Ergebnisse — 103
  - 5.3.1 Übersicht — 103
  - 5.3.2 Auftriebskorrigierte Messungen — 106
  - 5.3.3 Windkorrigierte Messungen — 114
  - 5.3.4 Glasexpansionskorrigierte Messungen — 115
  - 5.3.5 Zusammenfassung — 120
  - 5.3.6 Ausblick — 123

6 Zur Interpretation — 125

- 6.1 Prinzipielles — 125
- 6.2 Deutungsmöglichkeiten — 126
  - 6.2.1 Klassische Physik — 126
  - 6.2.2 Moderne Physik — 128
  - 6.2.3 Philosophie — 130
  - 6.2.4 Universalienrealismus — 133

7 Zusammenfassung — 138

Kapitel 1

Einleitung

Rudolf Hauschka, Pharmazeut und Begründer der WALA Heilmittel-Laboratorien, versuchte in den 30er und 50er Jahren dieses Jahrhunderts experimentell zu beweisen, dass die Materie ein Epiphänomen des Geistes darstellt. Geistiges soll also nicht auf Materie zurückzuführen sein, wie der Materialismus behauptet, sondern umgekehrt soll Materie aus Geistigem entstanden sein.

R. Hauschka hatte in Experimenten beobachtet, dass das Gewicht von keimenden Pflanzen im geschlossenen System variiert, was er als Materieerzeugung und -vernichtung durch das Leben bzw. das Geistige deutete.

Dieses von ihm erstmalig beobachtete Phänomen revolutionären Charakters ist in den Universitätswissenschaften unbekannt geblieben. Unter anthroposophisch orientierten Wissenschaftlern gilt es als ungesichert und umstritten.

In dieser Abhandlung soll in erster Linie untersucht werden, ob das von Rudolf Hauschka behauptete Phänomen als existent angesehen werden kann und ob es einen Beitrag zur Lösung des uralten philosophischen Problems des Verhältnisses von Geist und Materie zu geben vermag. Diese zwei Fragen stellen den Kern der vorliegenden Untersuchung dar.

Es ist bekannt, dass an R. Hauschkas Veröffentlichungen mannigfache Kritik geübt wurde; man vergleiche in diesem Zusammenhang z.B. die Darstellungen von Walther Cloos [5]. Für die Zwecke der vorliegenden Arbeit genügt es festzuhalten, dass sich die Kritik an Rudolf Hauschkas Wägeversuchen nie konkret auf die experimentelle Methodik bezieht, sondern höchstens auf die Darstellung der Experimente in R. Hauschkas Büchern.

Um eine wirkliche Urteilsgrundlage für die Beantwortung der zwei erwähnten Hauptfragen zu erhalten, muss sich diese Untersuchung von Gerüchten, Vorurteilen und Vermutungen befreien. Sie darf sich nur auf objektiv gegebene Fakten stützen. Dies wird in dieser Arbeit angestrebt.

Die vorliegende Untersuchung gliedert sich in sechs Kapitel. Nach der Einleitung geht es im zweiten Kapitel um eine rein historische Darstellung von

Rudolf Hauschkas Wägeversuchen, wie man sie seinen Büchern und seinem Nachlass entnehmen kann. Im dritten Kapitel werden Erfahrungen und Ergebnisse anderer Wissenschaftler, die mit R. Hauschkas Methode gearbeitet haben, dargestellt. Dies geschieht ebenfalls aus historischem Blickwinkel. Es schliesst sich eine ausführliche Diskussion möglicher physikalischer Effekte an, die R. Hauschkas Ergebnisse als Folgen bekannter Gesetze erklären könnten, sowie eine darauf abgestützte kritische Betrachtung von R. Hauschkas Vorgehen. Im fünften Kapitel werden Resultate eigener Untersuchungen ausführlich dargestellt und kommentiert. Abschliessend wird versucht, die aufgetretenen Phänomene von verschiedenen Gesichtspunkten aus zu deuten. Dieses Unternehmen führt in fundamentalphilosophische Aspekte hinein, welche allgemeinwissenschaftliche Probleme berühren.

Das Vorhaben, Rudolf Hauschkas Wägeversuche fundiert zu untersuchen, stiess auf verschiedenste Reaktionen; das Spektrum reichte von begeisterter Zustimmung bis hin zur völligen Ablehnung, welche in Vorwürfen wie „Dilettantismus" und „Verschwendung von Forschungsgeldern" zum Ausdruck kam.

Ob der vorhandenen Emotionalität, mit welcher das vorliegende Thema oft behandelt wird, erscheint es mir sinnvoll, nochmals deutlich hervorzuheben, um was es bei dieser Untersuchung geht. Es geht weder darum zu zeigen, dass „sich Rudolf Hauschka doch geirrt hat", noch darum nachzuweisen, dass „Rudolf Hauschka doch Recht hatte", sondern um eine *Untersuchung der Tatsachen*.

Es ist klar, dass es in der von Rudolf Steiner angeregten Betrachtung der Naturwissenschaften [48] nicht primär darum geht, neue Phänomene zu finden, die irgendwie die „materialistische Naturwissenschaft widerlegen" könnten. Da der Materialismus eine *philosophische* Grundeinstellung ist, lässt er sich gar nicht experimentell ad absurdum führen, sondern höchstens auf philosophischem Wege (vgl. Kap. 6). Rudolf Steiner wollte vielmehr darauf aufmerksam machen, dass man sich in der Erkenntnis um eine angemessene, vorurteilslose und widerspruchsfreie *Begriffsbildung* bemühen solle, d.h. um eine besondere *Art*, die Phänomene anzuschauen.

Das ‚andere' liegt rein in der *Methode*, *nicht* im *Inhalt*, der wissenschaftlich untersucht wird. Es erscheint demzufolge nicht sinnvoll, wie manchmal vertreten wird, die Naturwissenschaft *inhaltlich* auf rein qualitative, phänomenologisch-morphologische Aspekte einschränken zu wollen.

Wie jedes andere Naturphänomen verdient der Hauschka-Effekt, falls er existiert, des Menschen interessierte, liebevolle Betrachtung und Untersuchung.

Kapitel 2

Hauschkas Experimente

2.1 Hintergrund und Motivation

In den ersten drei Kapiteln seiner ‚Substanzlehre' [1] schildert Rudolf Hauschka den philosophisch-historischen Umkreis, in welchem seine Wägeversuche anzusiedeln sind. Zu Beginn werden die „Theorien des Naturwissenschaftlichen Zeitalters über die Präexistenz der Materie" kurz dargestellt. R. Hauschka kritisiert vor allem die materialistische Grundauffassung, welche sich die Materie als aus unveränderlichen Atomen zusammengesetzt vorstellt und welche die Entstehung von Leben und Geist auf zufällige Konstellationen von Atomen zurückführt. Anhand der Menschheitsentwicklung wird geschildert, wie die alten Kulturen der Inder, Perser, Ägypter und Griechen noch in eine übersinnliche Welt eingebunden waren, deren Realität wir heute nicht mehr unmittelbar wahrzunehmen vermögen. Aufgrund jenes anderen Bewusstseinszustandes waren die antiken Ideen über die Substanz noch geistdurchdrungen, wie z.B. Aristoteles' Elementenlehre. Heute hingegen bestehe die moderne Naturwissenschaft nur aus abstrakten Gedanken und Theoriengebäuden.

Neben der materialistisch orientierten Richtung der Naturwissenschaft gab es aber auch in der neueren Zeit Forscher und Philosophen, die ein Bild der Natur zu zeichnen versuchten, wo der Geist, nicht die Materie allem Sein zugrunde liegt. Zu diesen zählt R. Hauschka Goethe, Novalis und den heutzutage kaum mehr bekannten Philosophen W.H. Preuss. Der letztere war der Auffassung, dass Stoff nichts anderes als Geist auf einer tieferen Seinsebene sei [35], und verweist zum Beleg dieser Anschauung auf die Experimente des Freiherrn A. von Herzeele [36]. Dieser führte in den 80er Jahren des letzten Jahrhunderts Untersuchungen durch, mittels welcher er glaubte, die Entstehung bzw. Umwandlung von chemischen Elementen im lebendigen Organismus nachgewiesen zu haben.

Elementumwandlungen, auch Transmutationen genannt, sind heute nur im Bereiche der Radioaktivität und der Hochenergiephysik bekannt. Um eine Atomsorte in eine andere verwandeln zu können, z.B. Kalium in Kalzium, müssen Manipulationen am Atomkern vorgenommen werden. Nach dem heutigen Stand der Wissenschaft bedingt dies aber sehr hohe Energieumsätze, wie sie in biologischen Systemen oder chemischen Reaktionen nie vorkommen. Aus diesem Grund erscheinen biogene Transmutationen auf den ersten Blick als unwahrscheinlich.

A. v. Herzeeles Experimente

A. von Herzeele liess Pflanzensamen auf Porzellanschalen staubgeschützt in destilliertem Wasser wachsen und fand durch chemische Analyse der Samen vor und nach der Keimung, dass die Verhältnisse der chemischen Elemente nicht konstant blieben. So erhöhte sich z.b. durch die Keimung der Kalk- und Magnesiumgehalt (in schwefel- bzw. phosphorsaurer Form) von Rotklee um knapp 50 Prozent [36, S. 303], obwohl weder durch Wasser noch durch die Keimgefässe Kalk oder Magnesia zugeführt worden war. Ähnliche Versuche mit Wasserrüben, Gerste, Brassica oleracea und verschiedenen Bohnenarten erhärteten dieses Bild. A. von Herzeele zog daraus 1875 den Schluss [36, S. 304f.]:

> „...so sieht man sich doch genötigt, dass die in so vielen Fällen nachgewiesene Zunahme unorganischer Stoffe in den Keimpflanzen mit den Vorgängen des Vegetationsprozesses im Zusammenhang stehen muss. Kalk, Magnesia, Schwefelsäure sind weder in den Gefässen, noch in dem destillierten Wasser enthalten. Es müssen diese Stoffe ... in den Pflanzen entstanden sein ... Kalk, Magnesia usw. sind nicht für sich allein entstanden, sind nicht früher dagewesen wie die Pflanzen, sondern mit diesen gewachsen...
> Cellulose, Chlorophyll usw. erliegt den tellurischen und atmosphärischen Einflüssen, während Kalk, Magnesia usw., einmal vorhanden, von diesen unverändert bleiben und so den Boden bilden. Also nicht der Boden bringt die Pflanzen hervor, sondern die Pflanzen den Boden. Die Natur schafft nicht zuerst die Teile und bildet aus diesen ein Ganzes, sie schafft nicht zuerst das Kali, dann den Kalk und dann die Phosphorsäure, wie in einem Laboratorium, sie gebietet über den Organismus der Pflanzen und Tiere und diese bringen, indem sie entstehen und wachsen, jene Stoffe hervor. Die Entstehung elementarer Stoffe ist ein alltäglicher Vorgang."

In den folgenden Jahren erweiterte A.v. Herzeele seine Versuche in mannigfacher Hinsicht. Durch Zugabe von verschiedenen Kalksalzen zum Giesswasser stellte er z.B. fest, dass der Phosphorgehalt von gekeimten Samen erheblich anstieg. Bei Zusätzen von Natron- oder Kalisalzen konnte keine Phosphorzunahme bemerkt werden. Dies bestätigte sich bei Rotklee, Wicke, Felderbse, Rübsen, Gerste und Gartenkresse. Interessanterweise liess sich keine Abnahme eines anderen mineralischen Stoffes nachweisen, selbst die Menge des zugesetzten Kalks fand sich ohne Verluste wieder. Auf die grosse Anzahl weiterer Versuche kann hier nicht eingegangen werden; unter anderem glaubt A.v. Herzeele, durch verschiedene Zusätze und Ausschlussverfahren eine Art Umwandlungsreihe von Kohlensäure über Magnesium zu Kalk gefunden zu haben.

Aus den mir vorliegenden Publikationen Herzeeles lässt sich meines Erachtens nicht eindeutig bestimmen, ob die untersuchten Pflanzen chemische Elemente wirklich *erzeugen* oder nur *umwandeln*; die dargestellten Daten lassen keinen eindeutigen Schluss zu. A. von Herzeele selbst scheint anfangs mehr der Erzeugungstheorie zuzuneigen, während er später nur noch von der Elementumwandlung spricht. Diese denkt er sich zuerst auch als eine Art Elementerzeugung - mit der Pflanze als wirkendem Agens, währenddem der am Anfang der ‚Umwandlung' stehende Stoff nur eine Art katalytische Wirkung aufweist. In seiner letzten Publikation scheint er aber die Interpretation der wirklichen Umwandlung zu vertreten [36, S. 340]:

„Wir wissen jetzt, dass Kali und Magnesia ... von den Pflanzen aus den Bestandteilen der Atmosphäre [Stickstoff und Kohlendioxid] zusammengesetzt werden, und dass diese Stoffe nicht etwas Besonderes, von den organischen Stoffen durchaus Verschiedenes, früher Entstandenes sind, sondern, dass sie Kohlenstoff und Stickstoff enthalten und mit den Pflanzen entstehen."

R. Hauschkas Arbeiten über Elementumwandlungen in keimenden Pflanzen

Rudolf Hauschka griff in den dreissiger Jahren, als er in Arlesheim am Klinischtherapeutischen Institut wirkte, die Versuche des Freiherrn von Herzeele auf und konnte sie offenbar bestätigen. Er schreibt [1, S. 18f.]:

„Als das Resultat eines Jahrzehnts eigener Forschungsarbeit des Verfassers muss gesagt werden, dass Herzeeles Behauptungen im grossen und ganzen wissenschaftlich haltbar sind und keineswegs so phantastisch, wie sie im ersten Augenblick anmuten. Viele von Herzeeles Versuchsreihen wurden nachgeprüft und die von Herzeele angegebenen Tatsachen fanden ihre Bestätigung. Eine Zunahme mineralischer Substanz konnte in vielen Fällen gefunden werden, aber es musste auch etwas festgestellt werden, was in Herzeeles

Arbeit nirgends erwähnt ist. In manchen Fällen zeigte sich auch eine Abnahme von Mineralsubstanz. Die Feststellungen Herzeeles müssten demnach dahin erweitert werden, dass die Pflanze sowohl Substanz aus einer übermateriellen Sphäre erzeugt, als auch ihre Substanz wieder in einen unmateriellen Zustand überführt."

Da Rudolf Hauschka seine Resultate auf dem Gebiet der Pflanzenwägungen und Elementumwandlungen später ausführlich separat veröffentlichen wollte, stellte er in der ‚Substanzlehre' nur an einer Stelle konkrete Messergebnisse dar. Er schreibt [1, S. 87ff.]:

„Kressesamen wurden auf ihre Bestandteile Kalium, Phosphor, Kalk, Magnesia, Schwefel und Kieselsäure analysiert... Diese Analysen wurden alle zwei Wochen wiederholt und wenn die Samen in einem gut verkorkten Glase aufgehoben wurden, blieben die Zahlen konstant.

Nun wurden Samen aus der gleichen Probe auf Schalen aus Bergkristall, durch eine Glasglocke vor Staub geschützt, in zweifach destilliertem Wasser zum Keimen gebracht. Nach 14 Tagen waren die Pflanzen 4-5 cm hoch. In diesem Zeitpunkt wurde das Wachstum unterbrochen und der ganze Inhalt der Schale wurde eingetrocknet, verascht und analysiert. Da keine wie immer gearteten Mineralbestandteile dem keimenden Samen zugeführt wurden, noch solche aus dem keimenden verschwinden können, hätte - wenn das Gesetz von der Erhaltung des Stoffes richtig ist - die Analyse dieselben Zahlen ergeben müssen wie die vorherige Samenanalyse. Das war aber nicht der Fall. Es folgen hier die Substanzkurven für Phosphor und Kali in einem Zeitraum von sechs Monaten [vgl. Abb. 2.1]. (...)

Aus diesen Kurven ergibt sich, dass der Gehalt an Phosphor und Kali in rhythmischen Intervallen zu- und abnimmt, dass also die Entstehung dieser Substanzen aus unmateriellen Daseinsstufen, wie auch das Vergehen derselben aus der materiellen Daseinsstufe in unwägbare Daseinsformen, im Rhythmus der Mondphasen erfolgt..."

In der Abb. 2.1 ist der Phosphor- und Kaliumgehalt von jeweils zwei Wochen alten Kressepflanzen aufgezeichnet. Wenn der Vollmond in der Vegetationsperiode liegt, erreicht der Phosphorgehalt jeweils ein Maximum, der Kaliumgehalt ein Minimum; umgekehrt bei Neumond. Je zweimal tritt eine Störung dieser Beziehung auf: im August vertauschen Voll- und Neumond ihre Rolle für die Phosphorbildung; im September/Oktober gilt dasselbe für die Kalibildung.

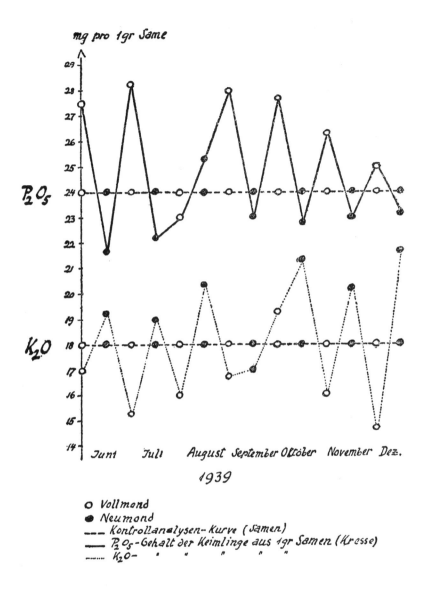

Abbildung 2.1: Phosphor- und Kalivariationen in Kressepflanzen

R. Hauschka geht anschliessend auf diese Störung der sonst recht auffälligen Beziehung zwischen Mondphasen und Phosphor- und Kaligehalt ein und versucht sie zu deuten. Ich möchte an dieser Stelle aber nur auf die festgestellten Fakten und nicht auf ihre Interpretation hinweisen.

Auf die Frage nach der von Herzeele und Hauschka behaupteten Realität der *Transmutationen* in Pflanzen soll in dieser Abhandlung nicht weiter eingegangen werden. Der interessierte Leser sei auf die mittlerweile recht umfangreiche Literatur verwiesen [45].

Die Wägeversuche

Die geschilderten Analysenergebnisse veranlassten Rudolf Hauschka zu weiterführenden Experimenten, den *Wägeversuchen*, da - wie schon erwähnt - aus Herzeeles Untersuchungen nicht schlüssig hervorging, ob nur eine Stoffesumwandlung stattfindet oder ob die Pflanze sogar fähig ist, Materie schöpferisch neu zu bilden. Ich möchte Rudolf Hauschka an diesem wichtigen Punkte wieder selbst zu Worte kommen lassen [1, S.19]:

> „Die eigenen Keimversuche wurden nun nicht mehr in offenen Schalen ausgeführt, sondern in luftdicht verschlossenen Gläsern, später in zugeschmolzenen Ampullen, in die also weder Kohlendioxid noch Stickstoff, noch sonst ein stoffliches Agens eindringen oder entweichen kann. Die Gläser, bzw. Ampullen, wurden nunmehr auf einer Analysenwaage beobachtet.
>
> Wenn es richtig ist, dass die Pflanze Materie bildet, dann müsste erwartet werden, dass das Gefäss mit den Keimlingen schwerer wird, denn Materie hat Gewicht. Wenn es andererseits richtig ist, dass in der Pflanze Materie auch vergeht, dann müsste das Glas mit den Pflänzchen leichter werden."

Die Erwartung der Gewichtszunahme ist nicht selbstverständlich, da es sich um ein geschlossenes System handelt.

Man bezeichnet diese Versuchsanordnung als ‚Hauschkaschen Wägeversuch'. In diesem Kapitel soll es vorderhand nur um die möglichst genaue Darstellung der technischen Realisierung dieser Idee und um die erzielten Resultate gehen. Eine kritische Betrachtung seiner Versuche sowie eine Beleuchtung der Frage, inwieweit Rudolf Hauschkas Ergebnisse seine ursprüngliche Fragestellung überhaupt beantworten, folgen weiter unten.

2.2 Technische Durchführung und Resultate

2.2.1 Die Arlesheimer Zeit: 1934-1940

Während seiner beruflichen Tätigkeit am Klinisch-therapeutischen Institut in Arlesheim führte R. Hauschka zwischen 1934 und 1940 eine grosse Anzahl von Wägeversuchen durch. Sein Vorgehen war dabei folgendes [1, S. 18ff.]: Ein halbes Gramm Kressesamen wurde mit Wasser in ein Wägeglas gefüllt, dessen Deckel mit Ramsay-Fett fest verkittet wurde; ein solches Glas stellte nach Rudolf Hauschkas Auffassung ein völlig luftdichtes, abgeschlossenes System dar. Später verwendete er 20 cm^3-Ampullen, die zugeschmolzen wurden. Um sich gegen Auftriebskräfte abzusichern, wurden Wägegläser gleichen Volumens eingesetzt.

Die verwendete Balkenwaage hatte eine Empfindlichkeit von zehn Mikrogramm (0.01 mg). Zwischen Januar 1934 und 1935 kam eine Waage unbekannter Herkunft zum Einsatz; ab 1935 wurde eine Waage der Firma Kaiser und Sievers, Hamburg, (Modell PbPII) benutzt.

Das Gewicht von leeren Gläsern erwies sich nach R. Hauschka [1, S. 23] bei Kontrollwägungen innerhalb einer Schwankungsbreite von 0.01 mg als konstant. Diesen Wert benutzte R. Hauschka, um die Fehlergrenze zu bestimmen; diese fällt damit mit der angegebenen Empfindlichkeit (0.01 mg) zusammen.

Die weitere Versuchsanordnung kann Abb. 2.2 entnommen werden.

Versuchsanordnung der Keimung im geschlossenen System.

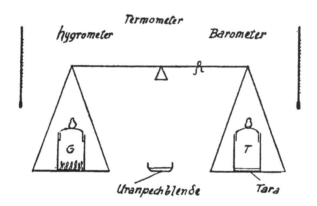

Abbildung 1.
Volumsgleiche Wägegläser als Gewicht G und Gegengewicht T.
Gegengewicht T durch Tara dem Keimungsglas G angeglichen.
Gewichtsänderungen durch Reiter festgestellt.
Arbeiten mit Gummifingerlingen und Kautschukpinzetten.
Im Wagekasten Schälchen mit Uranpechblende zwecks Ionisation der Luft zur Ableitung elektrischer Spannungen.
Ermittlung der Gewichte durch Kompensationswägung.
(Vertauschen der Belastungen G und T, arithmetisches Mittel aus beiden Wägungen.)
0,01 mg am Reiterlineal direkt ablesbar.
0,001 mg aus den Schwingungsamplituden errechenbar.

Abbildung 2.2: Rudolf Hauschkas Versuchsanordnung

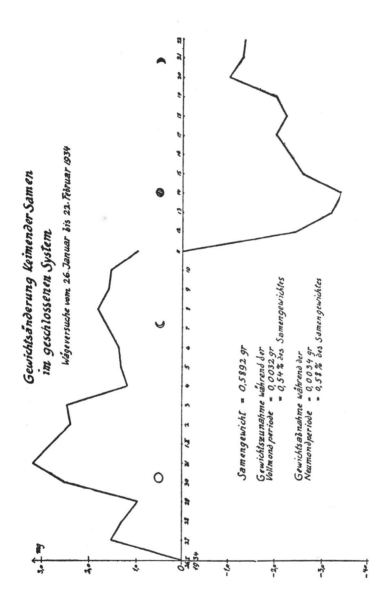

Abbildung 2.3: Zwei Wägeversuche Rudolf Hauschkas

Während zweier Wochen wird das Gewicht der im Glas keimenden Kressepflanzen gegen eine leeres Kontrollgefäss gewogen und anschliessend in einem Diagramm zur Darstellung gebracht. Man vergleiche hierzu Bild 2.3. Diese zwei Versuche enthaltende Darstellung zeigt deutlich, dass das Gewicht nicht nur zunehmen, sondern auch abnehmen kann. Interessanterweise nimmt das Gewicht zu, wenn der Vollmond in der Keimungsperiode liegt; die Abnahme fällt mit der Zeit des Neumondes zusammen. Diese Korrelation, die man zuerst als zufällige bezeichnen würde, bestätigte sich nach Rudolf Hauschkas Messungen. Im Jahre 1934 ergaben von zwölf Messreihen bei Vollmond elf eine Gewichtszunahme und nur eine eine Gewichtsverminderung; bei zwölf Neumondmessreihen zeigten neun eine Gewichtsabnahme und zwei eine Zunahme. Zusätzlich sieht man auf Bild 2.4 eine deutliche jahreszeitliche Korrelation: im Winter ist der Effekt generell stärker (zwei bis vier Milligramm), im Sommer eher schwächer (null bis zwei Milligramm). R. Hauschka schreibt dazu [1, S.24]:

„Daraus ist ersichtlich, dass der Rhythmus, der durch den Mond hervorgerufen wird, durch einen übergeordneten Rhythmus (Jahreszeiten- oder Sonnenrhythmus) beherrscht wird. Im Sommer (in der Jahresmitte) kommt merkwürdigerweise die Dynamik der Kurven zum Stillstand."

Für Rudolf Hauschka stellte sich die Frage, ob dieses Verhalten der Kressekeimlinge reproduzierbaren Charakter aufweist, weshalb die Versuche über weitere fünf Jahre bis Anfang 1940 weitergeführt wurden. In Abbildung 2.5 ist das Resultat der umfangreichen Arbeit aufgezeichnet. R. Hauschka kommentiert die Ergebnisse folgendermassen [1, S. 24]:

„Abbildung [2.5] zeigt die sieben Jahreskurven von 1934 bis 1940 in Form von Maxima-Minimakurven. Diese kommen dadurch zustande, dass die Ordinaten das Maximum und Minimum der Gewichtsveränderungen der Vollmond- beziehungsweise Neumondkurven im Zeitpunkt des entsprechenden Versuches anzeigen. Das auffallende Abklingen der Kurven nach den grossen Ausschlägen des Jahres 1934 kann in diesem Rahmen nicht näher erörtert werden. Es ist aber augenscheinlich, dass ebenso wie der Sonnenrhythmus dem Mondenrhythmus übergeordnet ist, jener durch einen noch grösseren Rhythmus umfasst wird."

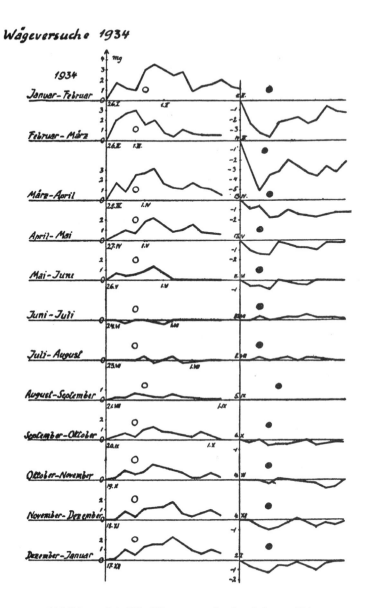

Abbildung 2.4: Die Wägeversuche des Jahres 1934

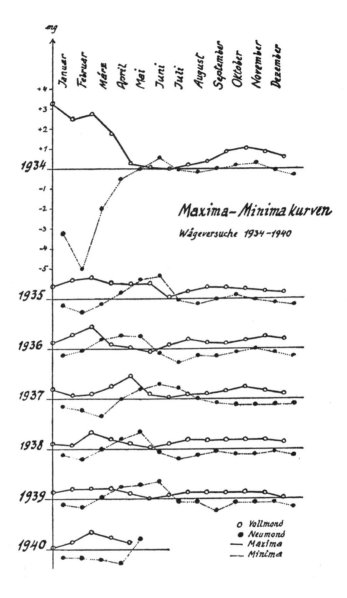

Abbildung 2.5: Gesamtüberblick der Jahre 1934-40

Erste Fragen

An diesem Punkt stellen sich einige kritische Fragen. Die erste und fundamentalste ist wohl die, ob die Wägegläser, die R. Hauschka verwendet hat, wirklich als hinreichend dicht gegenüber Substanzaustausch mit der Umgebung angesehen werden können. Die gleiche Frage muss man sich in bezug auf die zugeschmolzenen Ampullen stellen.

Weiter fällt bei genauer Betrachtung der Abb. 2.5 auf, dass sich der im Jahre 1934 gefundene Jahresrhythmus nur noch ganz schwach und andeutungsweise zeigt. Das absolute Minimum scheint nicht streng reproduzierbar zu sein. Von der Darstellung 2.4 her kann man auch den Schluss ziehen, dass der Effekt zeitweise ganz aussetzt. Ob dies wirklich zutrifft oder ob der Effekt so klein wird, dass er unter die Messgenauigkeit fällt, lässt sich natürlich nicht entscheiden. Zusätzlich erschiene es notwendig, die Kontrollversuche nicht nur zu erwähnen, sondern auch in Kurvenform zu publizieren. Zusätzliche Kontrollen mit wassergefüllten Gläsern wären ebenfalls wünschenswert.

Diese Punkte darf man R. Hauschka jedoch nicht ankreiden, da er beabsichtigte, „die ganze Versuchsanordnung und alle Einzelheiten der Ergebnisse zu veröffentlichen"[1, S. 19]. Hierzu kam es nie, wohl wegen der Kriegswirren und der schwierigen wirtschaftlichen Verhältnisse. In der ‚Heilmittellehre' [2, S. 77ff.] geht R. Hauschka etwas ausführlicher auf seine Methodik ein; dies betrifft aber nur die Versuche der Nachkriegszeit.

Glücklicherweise haben sich aber die Protokolle der Wägeexperimente der Arlesheimer Zeit bis heute erhalten [4]. Auf ihrer Grundlage können im nächsten Abschnitt ergänzende Angaben zum oben angedeuteten Problemkreis gegeben werden.

Ergänzungen aus R. Hauschkas Protokollen

Die Experimente der Arlesheimer Zeit lassen sich in zwei Phasen unterteilen. Anfangs (Januar 1934 bis August 1939) wurden Wägegläser verwendet, später (von September 1939 bis Mai 1940) zugeschmolzene Ampullen.

Die in der ersten Phase eingesetzten Wägegläser wiesen ein Volumen von 309.4 bis 327.6 cm^3 und eine Masse von 81.02 bis 120.81 g auf. Diese wurden mit 300 Kressesamen (ca. 0.6 Gramm) und 2 cm^3 destilliertem Wasser beschickt, der Deckel mit Ramsayfett verkittet. Die Waagenablesegenauigkeit belief sich anfangs auf 0.1 mg; ab August 1934 verbesserte sie sich auf 0.01 mg. Die Gründe für diese Verbesserung lassen sich den Protokollen nicht entnehmen. Die neue Waage (Kaiser u. Sievers, PbPII) kam erst ein Jahr später, am 3. August 1935, zum Einsatz.

Mit der „Fehlergrenze von 0.01 mg"[1, S. 23] bezieht sich R. Hauschka offenbar auf die Ablesegenauigkeit und nicht auf die Fehlergrenze der Waagen. Dies schliesse ich aus den mir zugänglichen Protokollen, wo die Daten der Kontrollversuche aufgezeichnet sind, die R. Hauschka in der ‚Substanzlehre' erwähnte, aber nicht abdruckte. Das Gewicht leerer oder mit Wasser gefüllter Gläser blieb meistens bis auf statistische Schwankungen einer Grössenordnung von 0.1 mg konstant[1], weshalb ich diesen Wert als Fehlergrenze zur Beurteilung der Signifikanz seiner Ergebnisse einführen möchte[2]. Aus den ersten fünf Jahren dokumentierter Forschung (1934 - 1939) lagen mir Protokolle von 301 Versuchen vor. Eine Auswertung dieser Unterlagen ergibt die in untenstehender Tabelle aufgezeichnete Grössenhäufigkeitsverteilung des Hauschka-Effekts. Als statistisch signifikant kann man nur die Experimente mit einer Gewichts-

Jahr	Anzahl Versuche	0.0-0.2 mg	0.2-0.4 mg	0.4-0.6 mg	0.6-1 mg	Experimentator (vgl. S. 20)
1934	51	41 %	26 %	18 %	15 %	R. Hauschka
1935	76	19 %	34 %	30 %	17 %	Fr. Weinmar
1936	74	65 %	26 %	5 %	4 %	W. Kälber
1937	55	75 %	21 %	2 %	2 %	W. Kälber
1938	31	81 %	19 %	-	-	G. Reinicke
1939	14	64 %	36 %	-	-	G. Reinicke
34-39	301	58 %	27 %	9 %	6 %	

Tabelle 2.1: Grössenverteilung des Hauschka-Effekts

variation von mindestens 0.4 mg bezeichnen; insgesamt also 15 Prozent der rund 300 Versuche. Im Jahre 1935 erreichen sie mit 47 Prozent ein Maximum, in den Jahren 38/39 lässt sich kein einziger Versuch mit gutem Gewissen als signifikant angeben. Für die restlichen 85 Prozent lässt sich nicht entscheiden, ob der Effekt überhaupt nicht oder nur schwach in Erscheinung trat. Wenn er in Erscheinung getreten sein sollte, lag er unter 0.4 mg, d.h. unterhalb eines Promilles des Samengewichtes (0.6 g).

Aus den Protokollen lassen sich weitere Details erschliessen. Täglich wurden die Wettersituation, Temperatur, Druck und relative Feuchtigkeit aufgezeichnet, um aus diesen Daten die Auftriebskorrektur (vgl. Kap. 4.2.1) der einzelnen Wägegläser zu berechnen. Deren Volumen mass er durch Wasserverdrängung in

---

[1]Dies steht im Gegensatz zu den in der ‚Substanzlehre' angegebenen 0.01 mg [1, S. 23].

[2]Da R. Hauschka nur Einzelmessungen durchführte, muss eine statistische Beurteilung seiner Daten auf andere Mittel als diejenigen der normalen Fehlerrechnung zurückgreifen. Dieses Problem wurde hier relativ pauschal durch die oben angeführte Methode gelöst.

einem graduierten Zylinder unter Zuhilfenahme eines Fernrohrs. Um die Auftriebskorrektur klein zu halten, wurden einzelnen Wägegläsern zugeschmolzene Glasröhrchen als Zusatzvolumina beigegeben. Querverweise auf den ‚Kohlrausch'[3] zeigen, dass R. Hauschka mit dem damaligen Stand der Messtechnik durchaus vertraut war. Teilweise erfolgten die Messungen unter der Mitarbeit und Beratung von Rudolf Sachtleben, der am Atomgewichtsinstitut München tätig war. Die Gewichtsvariation zeigt im allgemeinen weder eine Korrelation noch eine Antikorrelation zur Luftdichte. Dies deutet darauf hin, dass die Auftriebskorrektur fehlerfrei durchgeführt wurde.

Rudolf Hauschkas Beschreibungen der Keimvorgänge sind äusserst knapp gehalten. Sein ausführlichster Kommentar lautet: „Die Wurzeln treiben ... vertical nach unten und tragen die Pflänzchen wie auf Stelzen. Nach 10 Tagen über Nacht welk und faulig geworden." Das Absterben der Keimlinge erfolgt im allgemeinen nach fünf bis acht Tagen, ohne dass sich die Keimblätter entfaltet hätten.

Manchmal wurden die Kressesamen nicht direkt ins Wasser gegeben, sondern zuerst in ein Glasschälchen gelegt, welches an der inneren Seitenwand des Wägeglases befestigt war. Das verschlossene Glas wurde mehrere Tage lang gewogen, um die Abdichtung des Deckels zu überprüfen; bei mangelhaftem Verschluss müsste das Gewicht aufgrund der Wasserverdunstung stetig abnehmen. Durch Schütteln gelangten die Samen auf den Boden des Gefässes, wo sie nach Kontakt mit dem sich dort befindenden Wasser zu keimen begannen. Das Gewicht war vor der Keimphase jeweils konstant und begann sich immer erst nach Keimungsbeginn zu ändern (vgl. Abb. 2.6; sie stammt aus R. Hauschkas Nachlass). Dies spricht für einen vollständigen Abschluss von der Aussenwelt.

Aus den Unterlagen der zweiten Messphase zwischen September 1939 und Mai 1940 geht hervor, dass R. Hauschka 20 cm^3-Ampullen (Schott-Jena) verwendete. Diese wurden mit 100 Samen (0.2 Gramm) und einem halben Milliliter destilliertem Wasser gefüllt und anschliessend zugeschmolzen. Von 17 dokumentierten Versuchen zeigten 15 Gewichtsänderungen im Bereich zwischen 0.0 und 0.1 mg und zwei jeweils Gewichtsabnahmen von einem knappen Milligramm. Die letzteren zwei darf man als signifikant bezeichnen.

Ergänzungen von Mitarbeitern Rudolf Hauschkas

Weitere Informationen sind Herrn G. Reinicke zu verdanken [46], der zwischen 1933 und 1950 am Klinisch-therapeutischen Institut arbeitete und zeitweise Rudolf Hauschkas persönlicher Assistent war. Die verwendete Waage der Firma Kaiser u. Sievers, Hamburg, Modell PbP II, war nach seinen Angaben eine der

---

[3] Das Buch ‚Praktische Physik' von F. Kohlrausch [12] galt und gilt bis heute als *das* Standardwerk für Messkunst in der Experimentalphysik.

genauesten der damaligen Zeit. Die Umgebungsbedingungen waren optimal: die Waage stand auf einem stabilen, in die Mauer eingebauten Wägetisch; gewogen wurde nach dem Gauss'schen Wägeverfahren (vgl. Kap. 4.2.2).

Nach G. Reinickes Erinnerung führte Rudolf Hauschka nur 1934 seine Versuche selber durch; 1935 übergab er diese Tätigkeit Frau Weinmar. 1936/37 war Herr Wolfgang Kälber und 1938/39 Herr Günter Reinicke mit den Wägungen beschäftigt. Es ist anzunehmen, dass Rudolf Hauschka 1940 die Versuche wieder selbst übernahm. Die Korrelation zwischen Grösse der Gewichtsvariation und dem jeweiligen Experimentator (vgl. Tab. 2.1) ist auffallend: bei R. Hauschka war jede dritte Messreihe signifikant, bei Frau Weinmar fast jede zweite. Bei W. Kälber zeigten nur 5-10 Prozent seiner Experimente signifikante Variationen. G. Reinicke hingegen konnte nach R. Hauschkas Protokollen gar keine bedeutsamen Gewichtsänderungen feststellen. G. Reinicke bestätigte dies aus der Erinnerung. Bei den von ihm durchgeführten Wägungen waren die Gewichtsvariationen der keimenden Kresse meistens gleich gross wie die statistischen Schwankungen des Kontrollglases.

Mit dieser Korrelation zwischen Experimentator und Grösse der Änderung des Kressegewichtes wird natürlich nichts über irgendeinen Kausalzusammenhang ausgesagt. Es könnte sich um längerperiodische, dem System inhärente Rhythmen, aber auch um einen Einfluss des Experimentators handeln.

G. Reinicke wies zusätzlich darauf hin, dass die verwendete Waage seiner Ansicht nach überlastet gewesen sei. Die Waage sei für ein Maximalgewicht von 100 Gramm ausgelegt gewesen, währenddem die Wägegläser ein Gewicht von bis zu 300 Gramm aufgewiesen haben sollen. Dies steht im Widerspruch zu den in den Protokollen vermerkten Gewichtsdaten der eingesetzten Wägegläser, die sich zwischen 80 und 120 Gramm bewegen. Die Überlast bewegt sich damit in einem maximalen Rahmen von 20 - 30 Prozent; sie kann aber keine Kressegewichtskurven wie diejenigen der Abb. 2.3, 2.4 oder 2.6 künstlich erzeugen, da die Symmetrie der Waage nicht verändert wird. Sie wird höchstens eine schlechtere Empfindlichkeit und höhere Schneidenabnutzung mit sich bringen. Die reale Fehlergrenze von 0.1 mg (anstelle der theoretisch[4] möglichen 0.01 mg) liesse sich damit teilweise erklären.

---

[4]R. Sachtleben bestätigte R. Hauschka schriftlich [44], dass er mit dem gleichen Waagentyp nie Probleme hatte und immer eine Fehlergrenze von 0.01 mg auf 100 Gramm erreichte.

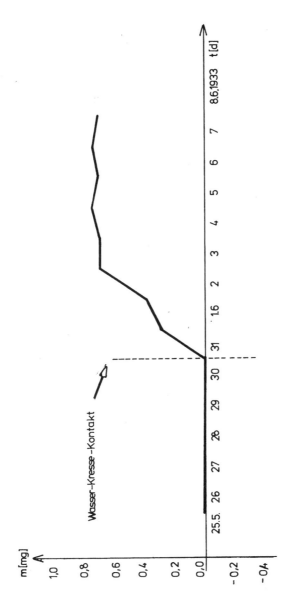

Abbildung 2.6: Kresse-Experiment mit verzögertem Wasserkontakt

Abbildung 2.7: Rudolf Hauschka an seiner Waage

Abbildung 2.8: Rudolf Hauschkas Waage

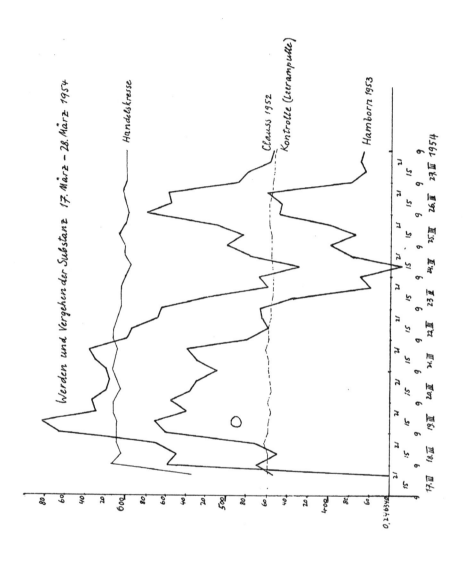

Abbildung 2.9: Ein Versuch aus dem Jahre 1954

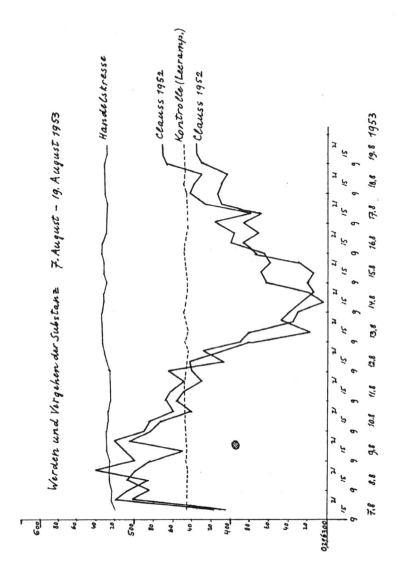

Abbildung 2.10: Ein weiterer Versuch von 1954

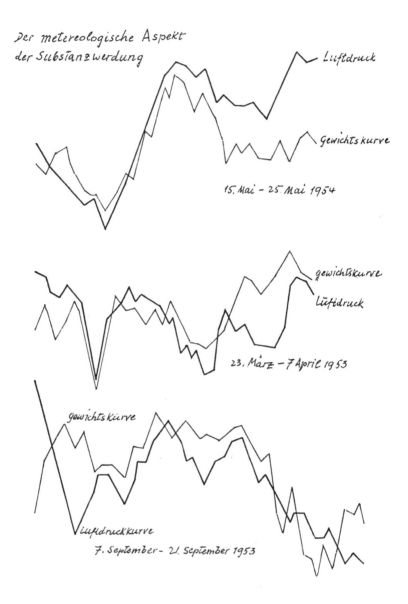

Abbildung 2.11: Parallelitäten zwischen Gewichts-und Luftdruckänderungen

2.2.2 Die Eckwäldener Zeit: 1952-1954

Nach der Neubegründung des Heilmittel-Laboratoriums WALA in Eckwälden im Jahre 1950 griff Rudolf Hauschka in den Jahren 1952-54 seine Wägeversuche ein zweites Mal auf. Über diese Arbeiten berichtet er in der ‚Heilmittellehre' [2, S. 77ff.].

Auch hier liess R. Hauschka nur Kressesamen keimen; diese wurden mit Wasser in 20 cm^3-Ampullen luftdicht eingeschmolzen. Die verwendete Balkenwaage war mit ihrer Ablesbarkeit von 0.001 mg genauerer Natur als die Waagen, mit welchen R. Hauschka in den Jahren 1934 - 1940 experimentierte, da die Fehlergrenze tiefer lag. Den Kontrollversuchen in Bild 2.9 und 2.10 kann man schätzungsweise einen Wert von 0.005 mg entnehmen.

R. Hauschka musste feststellen, dass seine ersten Versuchsreihen gänzlich fehlschlugen. Er führte dies darauf zurück, dass nicht wie früher biologischdynamisch gezogene Kressesamen, sondern solche aus konventionellem Anbau verwendet worden waren. Erst nachdem wieder erstere zum Einsatz kamen, begannen die Versuche von neuem positiv auszufallen. In den Abbildungen 2.9 und 2.10 sind zwei Versuche aus Hauschkas Heilmittellehre [2, S. 80/81] wiedergegeben. Die Kontrolle (eine Leerampulle) und das Glas mit Handelskresse zeigen einen flachen Verlauf, währenddem die Versuche mit biologisch-dynamisch gezogener Kresse (Hamborn 1953 / Clauss 1952) erstaunlich parallel verlaufen. Die von früher bekannte Tendenz zu Gewichtsabnahme bei Neumond und Zunahme bei Vollmond scheint sich für diese zwei Experimente zu bestätigen.

Fragen des kritischen Beobachters

Bemerkenswert scheint auf den ersten Blick, dass die quantitative Grösse des Effekts kleiner geworden ist. Die grössten Gewichtsvariationen beschränken sich auf 0.2 mg, währenddem sie in den 30er Jahren im allgemeinen 1 mg betrugen. Dies kann auf die geringere Samenmenge zurückgeführt werden, da nur noch 50 anstelle von 300 Kressesamen verwendet wurden. Es ist plausibel, dass damit auch die Grösse des Effekts um den gleichen Faktor 5 - 6 von 1 auf 0.2 mg schrumpft. Die relative Gewichtsvariation pro Pflanze ist damit konstant, durch die gleichzeitige Verbesserung der Messgenauigkeit von 0.1 auf 0.005 mg jedoch besser nachweisbar.

Leider gibt R. Hauschka keinen Gesamtüberblick über die Messergebnisse dieser Jahre, weshalb die in der ‚Substanzlehre' angeführte Mond- und Jahreszeitenkorrelation nicht belegt werden kann.

Eine weitere Beobachtung in bezug auf die Wägeversuche verdankt Rudolf Hauschka dem Naturforscher Herbert Spranger [2, S. 87]. Dieser stellte auffallende Kongruenzen zwischen Hauschkas Gewichts- und den von ihm gemessenen Luftdruckkurven fest. Man vergleiche hierzu die Abbildung 2.11.

Jedem kritischen Leser kommt an dieser Stelle der Gedanke, dass Rudolf Hauschka durch einen fehlerhaft korrigierten Auftrieb nichts anderes als Luftdruckschwankungen gemessen haben könnte. Kann diese Vermutung widerlegt oder bestätigt werden? Zur Beantwortung dieser Frage können wir uns wieder auf die Originalprotokolle von R. Hauschka stützen [4].

Ergänzende Angaben aus R. Hauschkas Unterlagen

Man findet beim Studium von Rudolf Hauschkas Protokollen zu Beginn einige Experimente zur Überprüfung der Waagengenauigkeit und -konstanz, die mit leeren Ampullen durchgeführt wurden. Aus mehreren Messungen der gleichen Gläser hintereinander kann eine empirische Standardabweichung von knapp zehn Mikrogramm errechnet werden; aus anderen Daten ergibt sich eine solche von zwei Mikrogramm. Diese Werte sind konsistent mit der im vorletzten Abschnitt angegebenen, aus den Diagrammen abgeschätzten Fehlergrenze von fünf Mikrogramm. Einigen Briefen R. Hauschkas kann man entnehmen, dass er die Versuche der Jahre 52-54 immer persönlich durchführte. Die Experimente wurden in einem speziellen Wägeraum durchgeführt, zu welchem nur er selbst Zugang hatte.

Bei der verwendeten Waage handelt es sich um das Modell CPK II der Firma Kaiser und Sievers, Hamburg. Sie weist eine Ablesbarkeit von 0.001 mg und eine Maximallast von 200 Gramm auf. Letztere wird durch die durchschnittlich 7-8 Gramm schweren Ampullen nicht überschritten. Die von der Herstellerfirma angegebene Minimalempfindlichkeit beträgt 0.01 mg. Die Waage befindet sich noch heute in der Firma WALA-Heilmittel GmbH, Eckwälden, allerdings in funktionsuntüchtigem Zustand.

Neben der Bedienungsanleitung der Waage, diversen Waagenprospekten, Überlegungen zum Gewichtsableseverfahren bei Balkenwaagen und Wetteraufzeichnungen finden sich unter den Protokollen Kontrollrechnungen zum Auftrieb. Dort wird untersucht, wie sich eine unkorrigierte Volumendifferenz zweier Ampullen auf das Wägeresultat auswirkt. Da R. Hauschka nach eigenen Angaben das Volumen der Ampullen auf 0.1 cm^3 genau bestimmen konnte, lässt sich der maximale Fehler aufgrund von Luftdichteschwankungen einfach berechnen. Mit etwa drei Mikrogramm liegt er unterhalb der Messgenauigkeit.

Die beobachtete Kongruenz zwischen Gewichts- und Luftdruckkurven kann daher nicht durch Auftriebseffekte bedingt sein. Beim Studium der Protokolle findet man ausserdem, dass nur ein Drittel aller auswertbaren Versuche überhaupt solche Ähnlichkeiten zwischen Gewicht und Luftdruck aufweist. Damit scheint also keine streng festgelegte, sondern nur eine zeitlich bedingte Korrelation zu existieren. Eindeutige Parallelitäten des Gewichts zu Temperatur oder Feuchtigkeit lassen sich ebensowenig nachweisen.

Die Daten der fehlgeschlagenen Anfangsversuche mit Handelskresse hat R. Hauschka offenbar nicht aufbewahrt, da die erhaltenen Protokolle schon im dritten Versuch die Verwendung biologisch-dynamischer Kresse aufzeigen. Insgesamt standen Daten von 28 Versuchen zur kritischen Nachauswertung zur Verfügung. Einige misslangen infolge von defekten Ampullen, die in den Messwerten durch einen rapiden Gewichtsverlust auffallen. Rudolf Hauschka notierte dazu jeweils das Stichwort „Riss".

Einigen Lesern fiel vielleicht beim Betrachten der Abb. 2.9 und 2.10 der steile Gewichtsanstieg zu Beginn der Experimente auf. Dieser Anstieg fällt aus der Harmonie der ganzen Kurvengestalt deutlich heraus. Dass dieser Effekt häufiger auftritt, möchte ich mit den Experimenten vom 18.8.52, 12.1.53 und 7.8.53 belegen; man vergleiche hierzu die Abbildungen 2.12, 2.13 und 2.14.

Bei genauerem Studium der Protokolle stellt man fest, dass der erste Gewichtswert ungefähr eine halbe Stunde nach dem Zuschmelzen gewonnen wurde. Durch eigene Kontrollexperimente wurde eruiert, dass nach dieser Zeit die Wasserhaut (vgl. Kap. 4.3.3), welche durch die hohe Temperatur während des Abschmelzprozesses teilweise entfernt wird, noch nicht vollständig rekondensiert ist. Damit lässt sich am nächsten Tag eine scheinbare Gewichtsvariation messen. Diesen Effekt müsste man meiner Ansicht nach bei der Auswertung von Hauschkas Diagrammen berücksichtigen. Aus diesem Grund wurde derjenige Teil der Gewichtsänderung, der rein oberflächenbedingt erscheint, in den Abb. 2.9, 2.10, 2.12, 2.13 und 2.14 zusätzlich mit unterbrochenen Linien gekennzeichnet. Diese Gewichtsvariationen müssen gedanklich von den Abbildungen subtrahiert werden, um die realen Gewichtsschwankungen zu erhalten.

Nach Berücksichtigung dieses kleinen Schönheitsfehlers ergibt sich ein homogenes Gesamtbild von Hauschkas Ergebnissen dieser Messperiode. Von den 28 vorliegenden Messreihen müssen zehn ausgeschieden werden, da sie wegen Glasrissen oder fehlender Wasserkontrollen nicht auswertbar sind. Bei den verbleibenden 18 liegt die Gewichtsvariation zu je einem Drittel in drei Klassen: 0-50 Mikrogramm (μg), 50-100 μg und 100-200 μg. Das erste Drittel versinkt im statistischen Rauschen, währenddem die anderen Experimente als signifikant nachgewiesene Gewichtsvariationen angesehen werden können. Die verschieden grossen Effekte sind statistisch über das Jahr verteilt; es lässt sich weder eine jahreszeitliche Tendenz noch eine Korrelation mit den Mondphasen bestätigen. Unter neun Vollmondversuchen findet man nur drei mit eindeutigen Gewichtszunahmen, bei den neun Neumondversuchen jedoch deren fünf und nur eine eindeutige Gewichtsabnahme. Man vergleiche hierzu die Abbildungen 2.12, 2.13 und 2.14. Es handelt sich jedesmal um einen Neumondversuch, der aber einmal eine Gewichtszunahme, einmal eine -abnahme und einmal gar keine Gewichtsveränderung zeigt.

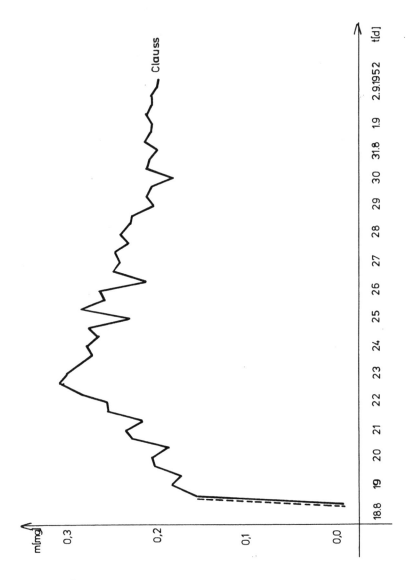

Abbildung 2.12: Wägeexperiment vom 18.8.1952

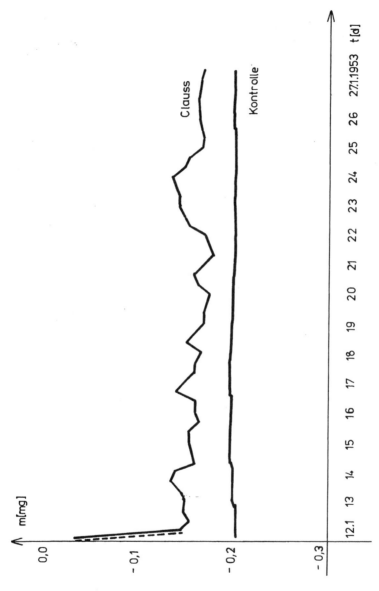

Abbildung 2.13: Wägeversuch vom 12.1.1953

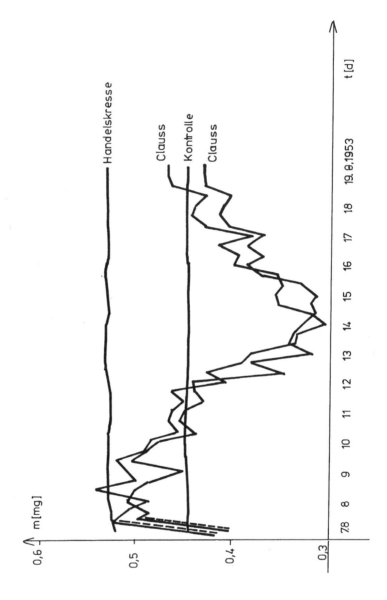

Abbildung 2.14: Wägeversuch vom 7.8.1953

2.3 Deutung

Wie deutet Rudolf Hauschka seine Ergebnisse? Welche Gedanken fügt er zu seinen Erfahrungen, um sie zu verstehen? Es sei versucht, seine Überlegungen anhand der betreffenden Stellen seiner drei Hauptwerke nachzuzeichnen. In der ‚Substanzlehre' [1, S. 19, 24f.] äussert sich Rudolf Hauschka folgendermassen:

„Die eigenen Forschungen haben ... ergeben, dass tatsächlich eine schöpferische Neubildung von Materie in Frage kommt...
Beim Studium der Pflanze berühren wir eine Sphäre, wo die Prozesse sich von mechanischen und chemischen Gesetzmässigkeiten emanzipieren und sich anderen, kosmischen Einwirkungen und Gesetzmässigkeiten öffnen...
Auf Grund der Arbeiten Herzeeles und der sie fortsetzenden eigenen Forschungen muss aber gesagt werden:
Das Gesetz von der Erhaltung des Stoffes ist nur gültig innerhalb bestimmter Grenzen in der mineralischen Natur, jedenfalls aber nicht ohne weiteres im Bereiche des Lebendigen. (...) Wir haben vielmehr alle Ursache anzunehmen, dass die Materie erst als Niederschlag des Lebens entstanden ist.
Kann nicht Leben gewesen sein, bevor noch Materie existierte, Leben als Ergebnis eines vorher vorhandenen geistigen Kosmos? Scheint es nicht notwendig, dem Dogma von der Präexistenz der Materie endlich die Idee von der Präexistenz des Geistes entgegenzustellen?"

Versuchsweise kann seine Ansicht folgendermassen zusammengefasst werden:

- Die Pflanze lässt sich nicht nur durch mechanische und chemische Gesetze verstehen.

- Insbesondere ist das Gesetz der Erhaltung des Stoffes nur in der anorganischen Natur gültig; die Pflanze emanzipiert sich davon. In Pflanzen kann Materie neu gebildet oder auch vernichtet werden.

- Daher ist das Dasein des Stoffes in bezug auf die Zeit relativ; es ist denkbar, dass es in Zukunft und Vergangenheit andere Zustandsformen gab und geben wird.

- Es gibt somit gute Gründe anzunehmen, dass der Stoff als Niederschlag des Lebens bzw. des Geistigen zu denken ist.

Später formuliert Rudolf Hauschka den zweiten Punkt auch anders [1, S. 154]:

„Das Gesetz von der Erhaltung des Stoffes wird durch das Leben aufgehoben."

In der ‚Ernährungslehre' [3, S.21ff.] spricht sich Rudolf Hauschka noch etwas deutlicher und pointierter aus:

„Dem Glauben, dass alles Sein aus dem Stofflichen entsteht, muss die Anschauung gegenübergestellt werden, dass ein schöpferischer Geist-Kosmos stufenweise die sichtbare Welt erschafft und diese wieder in unmaterielle Daseinstufen zurücknimmt. Leben war da, bevor noch Materie existierte, Leben als Ergebnis eines vorher vorhandenen geistigen Kosmos...

Die Materie ist der letzte Niederschlag der Schöpfung und nur, wo sie aus dem Leben schon herausgefallen ist, gehorcht sie den mechanischen und chemischen Gesetzen der mineralischen Natur. Diese Naturgesetze projizieren wir so gerne in das Leben hinein, in die Sternenwelt und in den Kosmos hinaus und begründen damit das irrtümliche Weltbild von Jahrhunderten. Unsere modernen physikalisch-chemischen Naturgesetze gelten nur im toten Stoff. Wo aber Leben den toten Stoff ergreift, walten nicht mehr allein Mass, Zahl und Gewicht, sondern die Gesetze des Kosmos, der Metamorphose, Polarität und Steigerung (Goethe). In der Pflanze, wo ‚Himmelskräfte auf und nieder steigen und sich die goldenen Eimer reichen', organisiert der Kosmos nach seinen eigenen Gesetzen und Rhythmen und verwandelt die Stofflichkeit durch alle Daseinsstufen hindurch bis zur unmateriellen ‚Himmelskraft' hinauf, und umgekehrt Himmelskräfte hinunter bis zum dichten, wägbaren und analysierbaren Stoff."

Und schliesslich in der ‚Heilmittellehre' [2, S. 86f.]:

„So zeichnet sich ein Weltbild ab, das — ähnlich dem platonischen — die Schöpfung stufenweise durch die Reiche der Natur absteigend bis zur mineralischen Verfestigung zeigt. Alle diese Arbeiten[5] führen an die konkrete Formulierung heran, die Rudolf Steiner vom Wesen des Stoffes gibt: ‚Stoff ist geronnene kosmische Tätigkeit.'

...die ... Kurven zum Werden und Vergehen der Substanz scheinen aber noch weitere Konsequenzen in ihrem Verhältnis zum Wel-

---

[5]Gemeint sind neben R. Hauschkas eigenen Untersuchungen diejenigen von A. Herzeele, P. Baranger und H. Spindler, die sich mit Transmutationen befassten. Nähere Informationen zu diesem Thema findet man in [2, S. 82ff.] und [45].

tenraum zu haben. Herbert Spranger beschäftigt sich seit Jahrzehnten mit der Abhängigkeit der Meteorologie von dem Sternenhimmel... Es fielen ihm die Ähnlichkeiten - um nicht zu sagen Kongruenzen - meiner Gewichtskurven mit seinen Luftdruckkurven auf. Wie naheliegend ist die Idee, dass die in der Pflanze endgültig zu Form und Stoff geronnenen Aktivitäten schon im meteorologischen Umkreis der Erde vorbereitet werden."

Zusammenfassend gesehen deutet R. Hauschka die Gewichtsschwankungen so, dass man an der Pflanze sehen kann, dass das eigentliche Sein der Materie ein geistiges ist, da die Pflanze Materie hervorbringen und vernichten kann.

Wir werden uns mit dieser Interpretation im 6. Kapitel auseinandersetzen.

Kapitel 3

Ergebnisse anderer Forscher

Von verschiedenen Seiten wurde der Versuch unternommen, Rudolf Hauschkas Wägeversuche nachzuvollziehen und zu überprüfen. Hierbei ergaben sich oft schon im Anfangsstadium technische Schwierigkeiten, die zum Abbruch der Experimente führten. Von denjenigen Untersuchungen, welche die technischen Hürden nahmen, endeten einige mit einem negativen Resultat. Dies führte leider manchmal dazu, von einer Publikation abzusehen.

Im Folgenden soll eine Übersicht über einige Replikationsversuche gegeben werden sowie über wissenschaftliche Arbeiten, welche mit Rudolf Hauschkas Wägeversuchen in inhaltlichem Zusammenhang stehen.

Es sei darauf hingewiesen, dass natürlich nur über diejenigen Anstrengungen berichtet werden kann, welche mir bekannt wurden. Für Ergänzungen sowie für Mitteilungen und Hinweise auf andere, hier nicht erwähnte Untersuchungen wissenschaftlichen Charakters bin ich dankbar.

3.1 E. Rinck

Emile Rinck war Professor für Chemie an der Universität Strassburg (Frankreich). In den Jahren 1944 und 1946/47 untersuchte er die Gültigkeit des Gesetzes von Lavoisier, welches durch Hauschkas Untersuchungen in Frage gestellt schien [37]. Das Gesetz von Lavoisier besagt, dass in chemischen und biochemischen Reaktionen, wie sie auch in Organismen ablaufen, die Masse eine Erhaltungsgrösse darstellt.

Rincks Methodik glich derjenigen von Rudolf Hauschka: 0.3 Gramm Gartenkressesamen wurden mit 0.4 cm^3 destilliertem Wasser und einer Zugabe von Sauerstoff in Jenaer Glasampullen eines Volumens von 23 cm^3 eingeschmolzen. Die Keimung begann nach 1-2 Tagen und endete nach ca. einer Woche, worauf der Absterbeprozess einsetzte. Nach 15 Tagen wurde der Versuch abgebrochen. Die Ampullen wurden mindestens einmal täglich auf einer Mikrowaage mit einer Empfindlichkeit von einem Mikrogramm gewogen. Um eine saubere Glasoberfläche zu erhalten, wurden die Glasgefässe vor jeder Wägung sorgfältig abgewischt und anschliesend radioaktiver Strahlung ausgesetzt, um die erzeugte Reibungselektrizität zu eliminieren (vgl. Kap. 4.2.1). Leere Kontrollampullen dienten zur Absicherung, eine Ausgleichsrechnung für den Auftrieb wurde durchgeführt.

Im Verlaufe von rund hundert Experimenten konnte nie eine kontinuierliche Massenvariation beobachtet werden, sondern nur völlig stochastische Schwankungen einer Grössenordnung von 60 Mikrogramm. Nach verbesserter Temperaturkonstanz der Waagenumgebung verringerten sich die Schwankungen der Kresseampullen auf 30 Mikrogramm; sie lagen damit aber deutlich *über* denjenigen der Kontrollampullen.

Ein halbes Jahr später wurde die Temperaturkonstanz der Waage auf etwa 0.2 °C verbessert; dies wurde durch eine genau regelbare elektrische Laborheizung und durch eine direkte Strahlungsheizung der Waage erreicht. Danach waren die Schwankungen der Kresseampullen immer gleich gross wie diejenigen der Kontrollen, nämlich 10 Mikrogramm.

Emile Rinck schloss daraus auf die Verifikation des Gesetzes von Lavoisier mit einer Genauigkeit von 1/30'000.

3.2 H. Hensel

Herbert Hensel war Professor am Physiologischen Institut der Universität Marburg an der Lahn. Ende der 50er Jahre unternahm er den Versuch, R. Hauschkas Experimente nachzuvollziehen. Leider unterliess es Herbert Hensel, seine Erfahrungen zu publizieren, weshalb heute, knapp zehn Jahre nach seinem Ableben und gut 30 Jahre nach seinem Replikationsversuch, Unklarheit über die Ergebnisse seiner Experimente besteht. Da weder an der Universität noch im persönlichen Nachlass Unterlagen aufzufinden waren, ist man auf Erinnerungen von Persönlichkeiten angewiesen, die mit ihm zusammenarbeiteten oder ihn persönlich kannten. Zur Rekonstruktion seines Vorgehens musste ich mich daher auf diverse Gespräche und briefliche Mitteilungen stützen [40].

Nach einem Besuch in Eckwälden (wahrscheinlich im November 58) bat Herbert Hensel R. Hauschka brieflich um eine grössere Menge derjenigen Kressesamen, die im Jahre 1953 von R. Hauschka untersucht worden waren. In demselben Brief berichtet H. Hensel, dass er gerade (Dez. 58) Vorexperimente abgeschlossen habe, in welchen die Kompressibilität von Glasampullen untersucht wurde. Ende Juni 59 berichtete H. Hensel auf einer Tagung der anthroposophischen Naturwissenschaftler in Stuttgart über seine Ergebnisse. Demzufolge

hat er sich etwa ein halbes Jahr mit den Wägeversuchen auseinandergesetzt.
Über die Methodik und seine Ergebnisse sind sich seine ehemaligen Mitarbeiter uneins. Die Einschätzung von Hensels Waagengenauigkeit variiert um einen Faktor 1000 zwischen „gleich genau wie Hauschkas Waage" und „um drei Stellen genauer".

Die aus der Erinnerung geschilderten Versuchsergebnisse differieren ebenfalls: Das Gewicht von Ampullen mit keimenden Pflanzen „war bis auf wenige stochastische Ausreisser konstant", wies teilweise „tatsächlich tagesrhythmische oder längerwellige Schwankungen" auf, „veränderte sich stärker als bei Hauschka" und „war teils konstant und teils variabel".

Dass die Schwankungen aber immer auf physikalische Nebeneffekte zurückzuführen waren, sind sich die Kommentatoren einig. Als Ursache werden aber verschiedene Vorgänge angegeben. Eine verbreitete Ansicht ist, dass „... diese Ampullen ... bei mikroskopischen Untersuchungen Mikroporen auf[wiesen]". Dieser steht die Auffassung gegenüber, dass „der zum Verschluss der Ampullen gebrauchte Siegellack Risse aufwies". Ein anderer ehemaliger Mitarbeiter schildert die damaligen Untersuchungen wie folgt: „Probleme bezüglich der Dichtigkeit der zugeschmolzenen Ampullen haben sich keine ergeben. Es wurden Ampullen mit sehr langem Hals verwendet. Es fanden sich damals keinerlei Beziehungen in dem Sinne, wie sie von Hauschka berichtet waren. Es fiel aber auf, dass unter den äusseren Fehlereinflüssen derjenige der Temperatur bei weitem am stärksten war, so dass wir damals (scherzhaft) vermutet hatten, dass die Ergebnisse von Hauschka darauf zurückzuführen sein könnten, dass die Hauttemperatur-Änderungen im Menstruationszyklus der die Untersuchungen durchführenden weiblichen Mitarbeiterin die von Hauschka gefundenen Ergebnisse erklären könnten."

Es scheint schwierig, all diese Äusserungen auf einen gemeinsamen Nenner bringen zu können. Mit einer gewissen Sicherheit kann daher allein der Schluss gezogen werden, dass H. Hensel Hauschkas Ergebnisse offenbar nicht reproduzieren konnte. Da die weiteren Hintergründe und Versuchsbedingungen unbekannt oder darüber nur widersprüchliche Informationen vorhanden sind, können keine weiteren Schlüsse aus H. Hensels Versuchen gezogen werden. Insbesondere können Hauschkas Ergebnisse durch Hensels negative Erfahrungen nicht als ‚widerlegt' gelten.

3.3 E. Spessard

Im Jahre 1940 berichtete E. A. Spessard, Professor für Biologie am Hendrix College in Convay, Arkansas (U.S.A.) über Gewichtsvariationen von in Glasampullen eingeschlossenen *Algen*. Es ist nicht bekannt, ob E. A. Spessard von R.

Hauschkas Untersuchungen Kenntnis hatte; da seine Versuche in eine ähnliche Richtung zielen, soll hier eine zusammenfassende Darstellung gegeben werden. 1940 veröffentlichte er Ergebnisse eines Versuchs, in welchem während acht Monaten fünf Ampullen eines Volumens von 25 cm^3 gegeneinander gewogen wurden [57]. In einem ersten Gefäss befanden sich 5 ml Schlamm mit Blaualgen und diversen Protozoa. Diese Ampulle bildete ein geschlossenes Ökosytem, da am Ende des Experiments noch bewegungsfähige Protozoa beobachtet werden konnten. Das Gewicht dieser Ampulle wurde mit anderen Ampullen verglichen, die mit destilliertem Wasser oder Kaliumhydroxidlösung (KOH) gefüllt waren. E. Spessard benutzte eine Balkenwaage einer Genauigkeit von 0.01 mg.

Innerhalb der achtmonatigen Versuchsdauer zeigte der Algenflacon relativ zu einer mit Wasser gefüllten Ampulle eine Gewichtszunahme von 0.15 mg. Um sich gegen das Argument einer Eindiffusion von Kohlendioxid abzusichern, wurde die mit Algen gefüllte Ampulle während der letzten vier Monate in einer kohlendioxidfreien Atmosphäre aufbewahrt. In dieser Zeit nahm das Gewicht der Ampulle in ähnlichem Masse zu wie in den ersten vier Monaten.

Die mit Kaliumhydroxidlauge gefüllten Ampullen erwiesen sich in den ersten drei Monaten als gewichtskonstant und zeigten danach eine lineare Gewichtszunahme von insgesamt 0.07 mg. Auch hier wurde das Gewicht relativ zu einer Wasserampulle gemessen. E. Spessard führt den beobachteten Gewichtsanstieg auf eindiffundiertes Kohlendioxid zurück, da die starke Lauge die Glaswände angreife und so die Diffusion erleichtere. Ausserdem sei der Partialdruck von Kohlendioxid gegenüber Kaliumhydroxid sehr hoch (vgl. Kap. 4.3.3).

E. Spessard verweist abschliessend auf eine spätere Publikation, in welcher mehr experimentelle Daten gegeben und der explizite Nachweis geführt werden soll, dass die Gewichtszunahme mit der Vitalaktivität der Algen verknüpft sei. Spessard vermutet, dass die Gewichtszunahme auf die Umwandlung von Lichtenergie in Masse zurückzuführen sei. Berechnungen nach der Einsteinschen Energie-Masse-Äquivalenz

$$E = m \cdot c^2$$

ergäben aber, dass die durch photosynthetische Lichtenergiebindung erzeugte Masse m mindestens um einen Faktor 1000 zu klein sei.

Die angekündigte Folgepublikation konnte nicht aufgefunden werden. Nachforschungen am Hendrix College durch ehemalige Arbeitskollegen ergaben, dass E. A. Spessard vor seinem Ableben im Jahre 1963 auf diesem Gebiet keine Arbeiten mehr publizierte. Es konnte jedoch unveröffentlichtes Archivmaterial gefunden werden, unter welchem sich drei Entwürfe für die geplante zweite Veröffentlichung befanden.

Eine detaillierte Auswertung dieser Papiere gestaltete sich wegen fehlender Seiten sowie unleserlicher und unverständlicher Passagen ziemlich schwierig. Gestützt auf die dritte Version des Jahres 1951 [58] lassen sich aber trotzdem einige Tatsachen festhalten.

Die verwendete pflanzliche Kultur bestand zur Hauptsache aus Tetraspora, einer Grünalge. Daneben befanden sich in dem wässrigen Medium noch Protozoen, blaugrüne Algen und Bakterien. Wenige Versuche wurden auch mit einer Reinkultur von Lyngbia, einer blaugrünen Alge, durchgeführt. Die meisten der insgesamt zehn Pflanzenversuche wurden über ein Jahr hinweg durchgeführt, manche über zwei Jahre. Der jährliche Gewichtsgewinn bewegt sich zwischen 0.01 und 0.20 mg und lässt sich eindeutig mit der Vitalaktivität von Algen oder Bakterien in Zusammenhang bringen. Bei Aufbewahrung in völliger Dunkelheit waren keine Gewichtsveränderungen messbar; die Algen zeigten keine photosynthetische Aktivität und gingen mit der Zeit ein. Bei Lichtexposition hingegen ergab sich eine Gewichtszunahme von bis zu 0.20 mg pro Jahr.

Aus den Unterlagen geht auch hervor, dass E.A. Spessard mit diesen Experimenten eigentlich die Umwandlung von Lichtenergie in Masse nachweisen wollte. Aufgrund von Rechenfehlern war er zuerst der Ansicht, dies mittels pflanzlicher photosynthetischer Aktivität belegen zu können; in Wahrheit ist der Gewichtsgewinn durch Aufnahme von Sonnenlichtenergie als Masse viel zu klein, als dass er sich makroskopisch mit normalen Waagen messen liesse. Die Vermutung liegt nahe, dass er von der Veröffentlichung des zweiten Teils seiner Arbeit aus dem Grund absah, weil er die Gewichtszunahme nicht nach der Einsteinschen Masse-Energie-Äquivalenz deuten konnte. E. Spessard scheint aufgrund falscher Anfangsannahmen einen Effekt gefunden zu haben, den er gar nicht suchte, nicht verstehen konnte und deshalb nicht weiter verfolgte.

3.4 Weitere Untersuchungen

Neben diesen drei Wissenschaftlern, die mit ihren Ergebnissen schriftlich oder an Tagungen an die Öffentlichkeit traten, gibt es weitere, welche Hauschkas Versuche ebenfalls nachvollzogen. Sie haben ihre Erfahrungen aber leider nicht veröffentlicht. Demzufolge kann über ihre Vorgehensweise und ihre Resultate nur das berichtet werden, was durch persönliche Gespräche des Autors und durch schriftliche Korrespondenz in Erfahrung gebracht werden konnte.

O. Wolff

Otto Wolff, Arzt und Herausgeber des von Friedrich Husemann begründeten Standardwerkes über anthroposophische Medizin [56], versuchte in den Jahren 1950/51 im damaligen Sanatorium Wiesneck, heute Friedrich-Husemann-Klinik, R. Hauschkas Wägeversuche nachzuvollziehen [41].

Zu diesem Zweck suchte er Rudolf Hauschka, der damals in München lebte, auf und erbat sich von ihm detaillierte Informationen über seine Vorgehensweise. Mit dem erhaltenen Wissen konnte er R. Hauschkas Versuchsaufbau genau rekonstruieren, wobei er sich an der Methodik der Versuche der Jahre 1939/40 orientierte, wo zugeschmolzene Glasampullen zum Einsatz kamen. Alle weiteren Nebenbedingungen wurden exakt imitiert.

Bei gut 20 Messreihen ergaben sich ausnahmslos nur *gerade* Gewichtskurven ohne jede Gewichtsvariation der Kresseampullen. Im persönlichen Gespräch mit Rudolf Hauschka konnte kein Hinweis auf die Ursache der negativen Resultate gefunden werden. Die Versuche wurden nicht veröffentlicht.

O. Wolff ist jedoch der Ansicht, dass die Gewichtsvariation von mit Kresse gefüllten Glasampullen trotz zeitweiliger Misserfolge einen realen Hintergrund aufweist und dass dieses Problem profunder erforscht werden sollte. Zeitlich variierende oder auch aussetzende Prozesse seien in der Natur keine Seltenheit. Lohnender für die Forschung sei es aber, die ursprünglichen Herzeele-Versuche mit moderner Methodik wiederaufzugreifen.

A. Faussurier

In R. Hauschkas Nachlass findet sich ein Brief von A. Faussurier, einem weiteren anthroposophisch orientierten Wissenschaftler. In der auf Ende April 1952 datierten Mitteilung [42] schreibt A. Faussurier, dass es ihm nach früheren negativen Resultaten jetzt gelungen sei, grössere Gewichtsvariationen zu messen. Mit 30 bzw. 50 Kressesamen erzielte er einen Massezuwachs von bis zu 5 Milligramm. Er schloss die mit Kresse und Wasser gefüllte Ampulle ihrerseits in ein zweites Gefäss ein, welches mit Lebertran gefüllt war. Das Gewicht wurde relativ zu einem sonst identischen Gefäss ohne Kressesamen gemessen.

Auf eine Anfrage im Jahre 1990, ob seine damals erzielten Resultate als signifikant und reproduzierbar anzusehen seien, antwortete A. Faussurier [43]:

„Die positiven Resultate sind selten. Aber das bedeutet natürlich nicht, dass sie wertlos wären! Ich konnte zwei oder drei [Mal Gewichtsvariationen von Kresse in Glasampullen] beobachten, ohne zu wissen, wie und warum! Ich kann daher nicht bestätigen, dass diese Resultate glaubhaft sind. Sie deuten nur auf offene Fragen."

R. Sachtleben

In R. Hauschkas Protokollen der 30er Jahre findet sich ein Hinweis, dass Rudolf Sachtleben, zur damaligen Zeit Mitarbeiter am Atomgewichtsinstitut

München, bei einigen Versuchen der Jahre 1933 und 1934 ‚beteiligt' war.

Aus einem späteren Brief von R. Sachtleben [44] geht hervor, dass er beruflich mit hochgenauen Waagen arbeitete und spezialisierte Sachkenntnisse auf diesem Gebiet aufwies. Es ist daher anzunehmen, dass er Rudolf Hauschka beratend zur Seite stand.

Selber führte er nie Wägeversuche durch. Darauf deuten Aussagen seines Sohnes Peter Sachtleben [47]. Über ihn erhielt ich eine Kopie einer Stellungnahme von Rudolf Sachtleben, in welcher er sich für die 1943 beschlagnahmte ‚Substanzlehre' von Rudolf Hauschka einsetzte. R. Sachtleben schreibt:

> „[R. Hauschkas] Experimentalarbeiten sind als kurze, vorläufige Mitteilungen in verschiedene Kapitel des ganzen Buches eingearbeitet. Wegen ihrer Wichtigkeit und Neuartigkeit hätten diese Arbeiten einer ausführlicheren und besonders eingehenden Veröffentlichung bedurft, welche ihre Beurteilung und Nachprüfung ermöglicht; dies auch deswegen, weil H. ausserhalb eines Hochschulinstituts gearbeitet hat. Der Verfasser stellt die ausführliche Veröffentlichung in Aussicht (...) Durch sein Buch weist sich Hauschka als kenntnisreicher, origineller und dabei bescheidener Forscher aus. Falls seine Forschungsergebnisse reproduzierbar sind, dürften sie starke Beachtung und der Verfasser besondere Anerkennung finden."

Aus diesen Zeilen kann man folgern, dass R. Sachtleben keine prinzipiellen Einwände gegen R. Hauschkas Methodik hatte. Seine Forderung nach Beurteilung und Nachprüfung erwächst aus dem in den Wissenschaften allgemein üblichen Prinzip, Erweiterungen von fundamentalen Naturgesetzen nur dann vorzunehmen, wenn das zugrunde liegende Phänomen ohne weiteres reproduzierbar ist.

N. Wood

In R. Hauschkas Unterlagen findet sich ein ausführlicher Schriftwechsel der Jahre 1952-54 zwischen Norman Wood, Erskine Hannay, George Adams und Rudolf Hauschka selbst.

Aus den Dokumenten lässt sich erschliessen, dass sich Erskine Hannay, Direktor der Fa. Standfast, Lancaster, zur Aufgabe gemacht hatte, goetheanistische und anthroposophische Naturwissenschaft finanziell zu fördern. So unterstützte er u.a. die ‚Goethean Science Foundation', welche damals vor allem von George Adams geistig getragen wurde. Letzterer scheint die Überprüfung von R. Hauschkas Wägeversuchen angeregt zu haben. Er beteiligte sich selbst zwar nie an Experimenten, formulierte aber immer wieder Fragen und Überlegungen zu R. Hauschkas Methodik und Interpretation der Wägeversuche.

Erskine Hannay beauftragte Norman Wood, einen Mitarbeiter seiner Firma, Rudolf Hauschkas Experimente auf dem Gebiet der Transmutationen und Pflanzenwägungen nachzuvollziehen. Beide Vorhaben scheiterten aufgrund technischer Schwierigkeiten. In bezug auf Hauschkas Wägeversuche lassen sich folgende Ereignisse rekonstruieren: Nach gescheiterten Anfangsversuchen mit einer englischen Mikrowaage wurde eine Waage des Typs CPK II der Fa. Kaiser u. Sievers, Hamburg, importiert. Es handelte sich dabei um das Modell, welches auch R. Hauschka zu jener Zeit in Eckwälden benutzte. Beim Zoll erlitt die Waage jedoch einen Transportschaden, weshalb trotz Reparatur der Fehler der Waage nie unter 50 Mikrogramm gesenkt werden konnte. Bei R. Hauschka belief sich die Standardabweichung des Mittelwerts einer Messung auf etwa fünf Mikrogramm[1].

Trotzdem wurden im Jahre 1954 Wägeexperimente parallel in Eckwälden und Lancaster durchgeführt. N. Woods Ergebnisse erwiesen sich aber als nicht signifikant, wie es aufgrund seiner hohen statistischen Schwankungen zu erwarten war. Nach dreijährigen Bemühungen gab N. Wood Ende 1954 auf.

Im letzten erhaltenen Brief wird von E. Hannay die Frage aufgeworfen, ob man nicht eine neue, genauere Waage kaufen sollte. Hierzu kam es wohl nie.

3.5 Zusammenfassung

Einige Ansätze, Rudolf Hauschkas Wägeexperimente zu reproduzieren, scheiterten an rein technischen Schwierigkeiten. Diese Untersuchungen können natürlich nicht zu denjenigen gezählt werden, die R. Hauschkas Ergebnisse nicht bestätigen konnten.

Von den Versuchsreihen, die nicht an technischen Klippen strandeten, deuten zwei (E. Spessard, A. Faussurier) auf mögliche Effekte hin; drei andere (E. Rinck, H. Hensel, O. Wolff) fanden keinerlei Gewichtsvariationen.

Es sei an dieser Stelle darauf hingewiesen, dass R. Hauschkas Ergebnisse aus prinzipiellen Gründen nie durch ‚negative' Resultate anderer Wissenschaftler widerlegt, sondern nur nicht bestätigt werden können. Ein experimentelles Ergebnis als solches ist ein beobachtetes *Faktum*; *widerlegt* werden kann höchstens dessen Deutung (vgl. Kap. 4.6 und 6.2).

R. Hauschka war sich des Problems der Reproduzierbarkeit seiner Versuche bewusst. Er schreibt in der 1965 erschienenen ‚Heilmittellehre', gut zehn Jahre

---

[1] Rudolf Hauschka kritisierte zusätzlich den Wägemodus von N. Wood; letzterer liess seine Waage zu lange (ca. 10 Minuten) ausschwingen, was für eine solches Präzisionsinstrument eine zu grosse Belastung darstellt. Auch liess er die Waage zwischen zwei Wägungen nur einige Minuten zur Ruhe kommen. Rudolf Hauschka gönnte seiner Waage zwischen aufeinanderfolgenden Wägungen immer 20 Minuten Ruhe und brach den einzelnen Wägevorgang schon nach drei Schwingungen (ca. 50 Sekunden) ab.

nach seinen letzten Experimenten und sechs Jahre nach Hensels Untersuchungen [2, S. 91]:

„Es haben sich einige Forscher für die in der ‚Substanzlehre' veröffentlichten Tatsachen über das Werden und Vergehen der Substanz interessiert. Es sind auch an einzelnen Stellen Versuche unternommen worden, die mitgeteilten Ergebnisse nachzuarbeiten. Solche Versuche sind nicht ganz befriedigend verlaufen, weil die anfänglichen positiven Ergebnisse nach kurzer Zeit wieder aussetzten. Es muss gesagt werden, dass auch eigene Versuche zeitweise nicht zu dem gewohnten Ergebnis führten. Woran diese Störungen liegen, kann mit Bestimmtheit noch nicht gesagt werden."

Es sei zum Abschluss betont, dass die erwähnten Untersuchungen mit Ausnahme der Versuche von E. Rinck und E. Spessard nur beschränkten Wert für andere Wissenschaftler besitzen, da sie entweder nicht veröffentlicht oder nicht genügend dokumentiert wurden und da somit Unsicherheit über die praktizierte Vorgehensweise und die erzielten Resultate besteht.

Rudolf Hauschkas Ergebnisse können nicht als durch diejenigen anderer Wissenschaftler widerlegt gelten. Die Frage nach der Realität des von Rudolf Hauschka behaupteten Effekts kann somit neu gestellt werden.

Kapitel 4

Nebeneffekte

4.1 Theorie und Praxis des Wägens

4.1.1 Idee der Wägung

Beim Wägen geht es um den *Vergleich* der Gewichte bzw. Massen zweier Objekte physisch-sinnlicher Natur in quantitativer Hinsicht. Um einen solchen Vergleich *vollziehen* zu können, reicht die *Kenntnis* gewisser elementarer Eigenschaften der Masse aus. Dies zeigt die Erfahrung: Wägen von Objekten war seit jeher ein bedeutender Teil menschlicher Tätigkeiten, auch bevor die Menschen über den eigentlichen Begriff der Masse nachzudenken begannen.

Wenn hingegen die *Bedeutung* einer Gewichtsdifferenz oder -konstanz (wie z.B. bei Hauschkas Experimenten) begriffen werden soll, muss man sich seine mehr oder weniger klare *Vorstellung* von Masse bzw. Gewicht zum *Begriff* bringen, d.h. von der Kenntnis zur Erkenntnis fortschreiten. Bevor man sich aber darüber Gedanken machen kann[1], muss sich der Experimentator eine profunde Kenntnis der physikalischen Aspekte des betrachteten Phänomens erwerben. Ansonsten ist es unmöglich zu beurteilen, ob eine beobachtete Gewichtsdifferenz real den keimenden Pflanzen zukommt oder ob man etwa nur den sich ändernden Auftrieb protokolliert hat. Es geht also darum, sämtliche möglichen Nebeneffekte zu erkennen, um sie in einem geplanten Experiment auszuschalten. Davon ausgehend lassen sich auch Arbeiten anderer Wissenschaftler beurteilen.

Masse wird im allgemeinen als „Menge an Stoff" [7] angesehen, so z.B. Quecksilber-, Birnen-, Kuh- oder Menschenstoff. Diese Stoffmenge wird im Hinblick auf ihre *dynamischen* oder *gravitativen* Eigenschaften bestimmt. Um einen Stoff in quantitativer Hinsicht gleichartig zu beschleunigen, braucht man

---
[1] Auf diesen Problemkreis wird in Kapitel 6 näher eingegangen.

eine umso grössere Kraft, je ‚mehr' Stoff vorhanden ist. Dieses Verhältnis von Kraft zu Beschleunigung bestimmt den dynamischen Aspekt der Masse. Des weiteren braucht man umso mehr Kraft, einen Körper gegen die Erdanziehungskraft zu bewegen (oder auch nur zu halten), je ‚mehr' Masse dieser Körper besitzt. Diese Eigenschaft führt uns zur vorläufigen Begriffsbildung der *schweren Masse*, währenddem der schon erwähnte dynamische Aspekt zur *trägen Masse* führt.

Die Definition der trägen Masse m_t als Verhältnis von aufgewandter Kraft F zu erteilter Beschleunigung a kann auch abgekürzt in einer Formel dargestellt werden:

$$m_t = \frac{F}{a}. \tag{4.1}$$

Die schwere Masse m_s hingegen ist durch das Verhältnis von Gravitationskraft F_G und Erdbeschleunigung g definiert:

$$m_s = \frac{F_G}{g}, \text{ wo } g = G \cdot \frac{m_{Erde}}{r^2}. \tag{4.2}$$

Die Erdbeschleunigung g kann als Produkt der universellen Gravitationskonstante G mit der Erdmasse und dem reziproken Abstandsquadrat von Erdmittelpunkt und betrachtetem Körper der Masse m_s dargestellt werden. Auf die Begründung oder Berechtigung dieser Begriffsbildungen möchte ich an dieser Stelle nicht eingehen. Im Laufe der Entwicklung der Physik hat sich ergeben, dass träge und schwere Masse in quantitativem Sinne als gleich gross zu betrachten sind; trotzdem kann man die Verfahren zum Massevergleich nach dieser allgemein üblichen Unterscheidung in zwei Gruppen unterteilen.

Beim Massenvergleich werden nie die Massen an sich verglichen, sondern die Auswirkungen der je verschiedenen Kräfte, die nach Massgabe ihrer Masse auf sie wirken oder von ihnen ausgehen. Damit gründet sich der eine Teil der Verfahren auf die Trägheitskraft, der andere auf die Gravitation. Auf andere Möglichkeiten der Massenbestimmung, wie z.B. durch Strahlungsabsorption, soll hier nicht näher eingegangen werden.

Massenvergleichsmethoden, die auf dem Trägheitsgesetz beruhen, wurden vor allem für grosstechnische und industrielle Anwendungen realisiert; man vergleiche hierzu die Darstellungen von M. Kochsiek [7]. Allgemein üblich hingegen ist der Massevergleich aufgrund der Erdanziehungskraft, also der Vergleich der *Gewichte*. Hier sind verschiedene technische Umsetzungen möglich; in diesem Zusammenhang sollen aber nur diejenigen Waagentypen betrachtet werden, auf welche sich die vorliegende Untersuchung beziehen wird. Weitere Informationen findet man in dem schon erwähnten Buch [7].

Um Massen in der Grössenordnung von etwa 100 Gramm mit hoher Genauigkeit zu vergleichen, konstruiert man Waagen, die speziell auf diesen Massenbereich zugeschnitten sind. Diese werden aus historischen Gründen ‚Analysenwaagen' oder ‚Mikrowaagen' [14] genannt. Letztere können auch so definiert werden, dass sie Massen vergleichen, die kleiner als 10 Gramm sind; ‚Semimikrowaagen' sind dann für eine Maximalbelastung von 10 − 100 Gramm ausgelegt.

4.1.2 Verbreitete Waagentypen

Vor allem drei prinzipiell verschiedene Konstruktionsarten hielten im Laufe der Geschichte der Analysenwaage Einzug in die Wissenschaften. Ihr Funktionsprinzip, Vor- und Nachteile seien kurz geschildert.

Balkenwaagen

Bei diesem Waagentyp werden die Drehmomente verglichen, die zwei je an einem Ende eines Waagbalkens befestigte Körper auf diesen aufgrund der Schwerkraft ausüben. Vor allem die gleicharmige Balkenwaage, eine der ältesten Waagen, hat im Laufe der Geschichte Eingang in Handel, Wissenschaft und Technik gefunden und wies noch bis Mitte dieses Jahrhunderts eine grosse Verbreitung auf. Ihre heutzutage eher geringe Anwendungsdichte ist dem minimalen Bedienungskomfort und den sehr hohen Anforderungen an den Operateur zuzuschreiben.

Aufgrund ihrer von sämtlichen anderen Waagenarten unerreichten hohen Genauigkeit steht sie aber bis heute im Einsatz, wenn es um Massevergleiche mit höchsten Anforderungen an Genauigkeit und Reproduzierbarkeit geht, so z.B. in Eichämtern zum Abgleich von Kilogramm-Prototypen. Man erreicht heute mittels Laserinterferometerablesung eine Genauigkeit von einigen 10^{-10} [7, S.142]; aber schon vor gut 100 Jahren kam man ohne Probleme in einen Reproduzierbarkeitsbereich von 10^{-9}. Ein Kilogramm lässt sich heute auf etwa ein Mikrogramm genau bestimmen; fast dieselbe Genauigkeit erreichte Jolly in seinen Gravitationsexperimenten schon im Jahre 1878 [32, S. 123]. Die Genauigkeit von Balkenwaagen scheint sich in den letzten 100 Jahren nicht wesentlich verändert zu haben. Man vergleiche in diesem Zusammenhang die interessanten Ausführungen von H.E. Almer [9].

Unabdingbare Voraussetzung für eine hohe Genauigkeit ist eine technisch hochpräzise Ausführung sowie eine ausgefeilte Wägetechnik, um systematische Fehler zu eliminieren. Zur letzteren gehört z.B. das Gauss'sche Wägeverfahren (vgl. Kap. 4.2.2), wo die zu vergleichenden Massen nacheinander vertauscht werden, wodurch Fehler durch ungleich lange Hebelarme, lokale Schwerkraftanomalien usw. ausgeschaltet werden können [12, S. 61ff.].

Schaltgewichtswaagen

Dies sind ungleicharmige Balkenwaagen, die durch von aussen einfach zu bedienende Schaltgegengewichte benutzerfreundlich gestaltet worden sind. Ihre Genauigkeit kann durch das Substitutionsprinzip noch entscheidend verbessert werden: Wägegut und Gewichtssatz werden am gleichen Hebelarm verglichen, so dass Hebel- und Empfindlichkeitsfehler völlig entfallen, da jede Wägung unter voller Belastung des Waagbalkens erfolgt.

In der technischen Realisierung befinden sich am Lastarm der Waage ringförmige Schaltgewichte, die mittels einer mechanischen oder elektromagnetischen Übersetzung nach Massgabe der Masse des Wägegutes entfernt werden, um das Gleichgewicht zum unveränderlichen Gegengewicht beizubehalten [7, S.143]. Die erreichte Genauigkeit kann auch hier bis zu 10^{-9} betragen [12].

Dieser Waagentyp war vor allem bei Mikro- und Semimikrowaagen noch vor zehn Jahren sehr verbreitet [10], wurde aber in den letzten Jahren durch die neuen elektromagnetischen Waagen verdrängt.

Elektromagnetische Waagen

Schon vor einiger Zeit kam die Idee auf, die Gewichtskraft des Gegengewichtes durch die Kraft eines Elektromagneten zu ersetzen; der Strom I durch die Spule des Magneten ist dann ein Mass für das Gewicht G des zu messenden Gegenstandes. Wegen der Nichtlinearität der Magnetisierungskurven [8] gilt aber keineswegs $I \sim G$, was den Einsatz bis vor kurzem verhinderte. Nur dank der modernen Mikroprozessortechnik ist es heute möglich, die systematischen Fehler durch sofortige elektronische Datenverarbeitung auszuschalten. Die erreichte Genauigkeit liegt aufgrund prinzipieller Instabilitäten in der elektronischen Steuerung und aufgrund von Driftproblemen wegen der Spulenerwärmung im allgemeinen bei 10^{-7}. Zehn Gramm lassen sich also auf rund ein Mikrogramm genau messen [12].

Die einfache Bedienung und kurze Messzeit bei gleichzeitig hoher Genauigkeit erklären ihre explosionsartige Verbreitung im letzten Jahrzehnt. Es besteht aber ob der unproblematischen Bedienung die Gefahr, dass aufgrund fehlender Einsicht in das Funktionsprinzip der Waage krasse Wägefehler entstehen können. So fehlt z.B. in den üblichen Bedienungsanleitungen für Analysenwaagen der Hinweis, dass eine tägliche Neukalibrierung (vgl. Kap. 4.2) *absolut notwendig* ist, um eine fehlerfreie Auftriebskorrektur vornehmen zu können.

4.1.3 Absolut- und Relativwägungen

Bis jetzt war nur von Massen- oder Gewichts*vergleichen* die Rede, nie aber von Massen*bestimmung*, die eigentlich angestrebt wird. Im absoluten Sinne ist eine solche auch unmöglich. Dies liegt im Wesen des Quantitativen; denn zur Bestimmung eines numerischen Vielfachen muss immer eine willkürlich gesetzte Einheit vorausgesetzt werden. Wie unterscheidet man dennoch Absolut- und Differenzwägung?

Unter Absolutwägung versteht man den Vergleich einer Masse mit einer konventionell anerkannten Normmasse sowie die quantitative Darstellung des Masseverhältnisses; so entsprechen fünf Kilogramm Bananen fünf Einheiten des allgemein anerkannten Urkilogramms in Sevres bei Paris[2]. Genaueste Absolutwägungen sind aufgrund der noch zu besprechenden Nebeneffekte ein schwieriges Unterfangen, weshalb man gerne Relativ- oder Differenzwägungen durchführt.

Bei Relativwägungen wird die Masse nicht direkt mit der Normmasse verglichen, sondern nur der Massenunterschied zweier Körper in bezug auf diese Normmasse festgestellt. Dies bringt genau dann Vorteile, wenn die zwei Körper bezüglich gewisser quantitativer Eigenschaften als gleich gross zu betrachten sind. So kann z.b. durch gleich grosse Volumina der gemessenen Körper der Auftrieb aus den Messergebnissen eliminiert werden oder durch gleich grosse Oberflächen der gewogenen Gegenstände das Gewicht eines störenden Wasserniederschlags aus den Resultaten entfernt werden.

Ein konkretes Beispiel möge dies erläutern. Bei Balkenwaagen setzt man im Falle der Absolutwägung auf die eine Waagschale geeichte Normgewichtsstücke und auf die andere das zu wägende Objekt, z.B. eine Ampulle. Bei Relativwägungen wird je eine Ampulle auf beide Waagschalen gelegt und der Gewichtsunterschied gemessen. Wenn letzterer sehr klein ist, sind dazu keine Gewichtsstücke mehr vonnöten. Dies sei im folgenden vorausgesetzt.

Die Masse der ersten Ampulle betrage m_1, die der zweiten Ampulle m_2. m_2 unterscheide sich um die Massendifferenz Δm von m_1, d.h.

$$m_2 = m_1 + \Delta m. \qquad (4.3)$$

Weiterhin existiere auf jeder Ampulle ein Wasserniederschlag (vgl. Kap. 4.3.3) der unbekannten Masse $m_{x1/2}$ und eine scheinbare Massenverminderung $-m_{a1/2}$ durch den Auftrieb (vgl. Kap. 4.2.1).

Bei *Absolutwägungen* misst man für eine Ampulle der realen Masse m die Masse m':

$$m' = m + m_x - m_a + \kappa, \qquad (4.4)$$

wobei κ ein Korrekturfaktor für Wasserniederschlag und Auftrieb der Gewichtsstücke ist. Zur genauen Bestimmung von m ist eine genaue Kenntnis der

---

[2] Dies gilt gemäss dem Beschluss von 1889 der 1. Generalkonferenz für Mass und Gewicht. Dieser Beschluss wurde 1901 durch die 3. Generalkonferenz bestätigt und ist auch heute noch unverändert gültig.

erwähnten Nebeneffekte nötig, was unter Umständen aufwendige Rechnungen erfordert.

Das Problem vereinfacht sich, wenn man sich nur für eine Gewichts*differenz* (z.B. zweier Ampullen) interessiert. Wenn die Volumina und Oberflächen als annähernd gleich betrachtet werden können, neutralisieren sich die Korrekturfaktoren gegenseitig. Man erhält die reale Massendifferenz $\Delta m = m_2 - m_1$ durch Subtraktion der einzeln bestimmten Absolutwägewerte $(m_2' - m_1')$:

$$\begin{aligned} m_2' - m_1' &= m_2 + m_{x2} - m_{a2} + \kappa - (m_1 + m_{x1} - m_{a1} + \kappa) = \\ &= m_2 - m_1 = m_1 + \Delta m - m_1 = \Delta m. \end{aligned} \quad (4.5)$$

Zur Bestimmung einer Massendifferenz ist es sinnvoll, nicht zwei Absolutwägungen, sondern eine *Relativwägung* durchzuführen und den Massenunterschied Δm direkt zu messen, d.h. ohne einen Umweg über einen Massevergleich mit Gewichtstücken zu beschreiten. Jetzt übernimmt die Waage die erwähnte Subtraktion 4.5 und man erhält automatisch die richtige Massendifferenz $m_2 - m_1$.

4.2 Probleme des Wägens

Waagen jeglicher Art sollten möglichst erschütterungsgeschützt auf speziellen Wägetischen aufgestellt werden, so dass sich die Anzeige der Waage bei Betreten des Wägeraumes oder bei Druck auf den Wägetisch nicht ändert. Des weiteren muss jede Waage nach einer Umsetzung mit Hilfe einer Libelle waagrecht ausgerichtet und neu kalibriert werden, um Fehler aufgrund wechselnder Schwerkraftverhältnisse oder dezentrierter Bauelemente zu vermeiden.

Nach M. Kochsiek [7] muss das eine Präzisionswaage bedienende Personal sich sorgfältig mit deren Funktionsprinzip und allen möglichen Fehlerquellen auseinandergesetzt haben, um den letzteren aus dem Weg gehen zu können. Weiterhin muss eine Bekanntschaft mit allen für die Wägetechnik bedeutsamen Begriffen existieren, wie sie z.B. in den DIN-Normen [14] definiert sind.

4.2.1 Fehler aufgrund fremder Kräfte

Der Vergleich von Gewichtskräften kann durch andere Kräfte gestört werden, wozu im wesentlichen der Auftrieb, Kräfte elektromagnetischer Natur und mechanische Erschütterungen gehören.

Der Auftrieb

Jeder feste Körper, der sich in einem Medium unter dem Einflusse der Schwerkraft befindet, erfährt aufgrund der Druckdifferenzen an seiner Ober- und Unterseite eine Kraft F_A, die der Gravitation entgegengerichtet ist. Dem Betrag nach entspricht sie dem Gewicht des verdrängten Mediums (hier der Luft):

$$F_A = \rho_M \cdot V_K \cdot g, \tag{4.6}$$

wobei ρ_M die Dichte des Mediums, V_K das Volumen des Körpers und g die Erdbeschleunigung darstellt.

Die Effekte und auch die entsprechenden Korrekturmöglichkeiten fallen je nach Wägemodus (Absolut- oder Differenzwägung), der verwendeten Waage (Balken-, Substitutions- oder elektromagnetischer Waage) und der Schnelligkeit von eventuellen Luftdichteänderungen verschieden aus, sind aber nie von vornherein vernachlässigbar. Ein Beispiel möge dies erläutern: der Auftrieb eines 100 cm^3 grossen Glasgefässes entspricht der Gewichtskraft einer Masse von rund 130 mg, währenddem der von Hauschka gefundene Effekt bei rund 0.5 mg liegt. Bei Luftdichteänderungen, wie sie durch Druck- oder Temperaturschwankungen hervorgerufen werden, ändert sich der Auftrieb und damit scheinbar das Gewicht. Diese Gewichtsvariation liegt genau in der Grössenordnung des von R. Hauschka behaupteten Effekts. Es ist also grosse Vorsicht geboten, damit man nicht einem solchen rein physikalischen Nebeneffekt zum Opfer fällt.

In diesem Kapitel nehmen wir an, dass die Luftdruckänderung *während* einer Wägung vernachlässigbar klein sei, sich aber von Tag zu Tag ändere, und untersuchen die auftretenden Effekte bei den drei erwähnten Waagentypen je nach Wägemodus. Auf den Fall der Luftdruckänderung *während* einer Wägung gehen wir in Kapitel 4.2.3 ein.

Auftriebskorrektur für Absolutwägungen

Bei *Balkenwaagen* erfahren sowohl Wägegut und Gegengewicht als auch der Waagbalken selbst Auftriebkräfte, die sich als Drehmomente auswirken. Bei *symmetrisch* gebauten Balkenwaagen heben sich die Auftriebskräfte des Waagbalkens auf, so dass man nur noch die von Wägegut und Gegengewicht zu vergleichen braucht. Im Gleichgewicht zwischen allen Gewichts- und Auftriebskräften gilt:

$$m_p g - \rho_l V_p g = m_n g - \rho_l V_n g. \tag{4.7}$$

Hier ist m_p die Masse des Prüflings, m_n die des Referenzgewichtes, V_p bzw. V_n die Volumina der beiden Körper, ρ_l die Dichte der Luft und g die Erdbeschleunigung. Auch der Auftrieb eines Reiters auf dem Waagbalken muss unter Umständen berücksichtigt werden. Die zu bestimmende Masse ist m_p; sie berechnet sich nach Kürzung[3] der Erdbeschleunigung g aus dem abgelesenen

---

[3] Die Erdbeschleunigung wird an den beiden Enden des Waagbalkens als gleich gross angenommen. Der Effekt einer möglicherweise vorhandenen Schwerkraftanomalie kann durch

Gegengewicht m_n durch die Addition eines Korrekturfaktors k:

$$m_p = m_n + \rho_l(V_p - V_n) = m_n + k. \tag{4.8}$$

Wie man sieht, entfällt jede Korrektur, wenn die Volumina der zu vergleichenden Massen gleich gross sind. Dies kann in der Praxis dadurch erreicht werden, dass die zu vergleichenden Massen in Wägegläsern identischen Volumens gewogen werden. Andernfalls muss eine Ausgleichsrechnung durchgeführt werden, wozu die einzelnen Volumina und die Dichte der Luft bekannt sein müssen. Der Durchschnittswert der letzteren beträgt 1.2 kgm^{-3}, muss aber für genauere Ansprüche aus der folgenden, vom „Comite International des Poids et Mesures" empfohlenen Formel [12, S. 69] berechnet werden:

$$\rho_l = 3.4849 \cdot 10^{-3} \frac{p}{T} \left(1 - 0.3780 \cdot \frac{\varphi \, p_w}{x_v}\right). \tag{4.9}$$

Hier ist p der Luftdruck in Pascal, T die Lufttemperatur in Kelvin, p_w der Dampfdruck von Wasser in Pascal (bei T Kelvin) und φ die relative Luftfeuchtigkeit als Dezimalbruch.

Die von dem auf Meereshöhe geeichten Barometer abgelesenen Druckwerte müssen um den entsprechenden Höhenfaktor erniedrigt werden, da der Luftdruck in den niedrigeren Schichten der Atmosphäre alle 100 Meter um rund 1200 Pascal abnimmt. Für höhere Genauigkeitsansprüche muss der reale Luftdruck p aus dem Meereshöhendruck p_0, der dort herrschenden Luftdichte ρ_0, der Erdbeschleunigung g und der Höhe h über Meer mit der bekannten barometrischen Höhenformel ermittelt werden:

$$p = p_0 \cdot e^{\left(\frac{-\rho_0 g h}{p_0}\right)}. \tag{4.10}$$

Übliche *Schaltgewichtswaagen* sind asymmetrisch gebaute Balkenwaagen, welche mit dem Substitutionsprinzip arbeiten. Hier hat man die (mit wechselndem Luftdruck sich ändernden) Auftriebskräfte am Wägegut, den Schaltgewichten, dem Waagbalken und dem Gegengewicht zu berücksichtigen. Um eine genaue Ausgleichsrechnung durchführen zu können, müsste man alle Volumina und entsprechenden Hebelarme genau kennen, beim Waagbalken sogar in differenzieller Form; dies führte aber zu sehr komplizierten Rechnungen, weshalb man in der Praxis einen anderen Weg beschreitet.

Vor jeder Wägung muss die Waage auf Null austariert werden, um Auftriebsungleichgewichte aufgrund der asymmetrischen Massenverteilung zu korrigieren; der (voll belastete!) Waagbalken befindet sich dann im Gleichgewicht. Unter der zu überprüfenden Annahme, dass sich die Luftdichte während der

---

das Gauss'sche Wägeverfahren (vgl. Kap. 4.2.2) eliminiert werden.

Wägung nicht ändert, braucht man nur noch die Volumina des Wägeguts und die der jeweils entfernten Gewichtsringe zu kennen, da die Gewichtskräfte von Vergleichsmasse und Wägegut am gleichen Hebelarm verglichen werden.

Durch Umformung der Formel 4.8 erhält man für den Korrekturfaktor k folgenden Wert:

$$k = m_n \rho_l \left(\frac{\frac{1}{\rho} - \frac{1}{\rho_n}}{1 - \frac{\rho_l}{\rho}} \right). \qquad (4.11)$$

Diese Form des Korrekturgliedes ist je nach Beschaffenheit des Wägegutes benutzerfreundlicher als diejenige der Grundgleichung 4.8. Hier ist m_n die abgelesene Masse der Gegengewichte, ρ_n ihre Dichte, ρ_l die Dichte der Luft und ρ die des Wägegutes. Man sieht, dass nur noch das Verhältnis der *Dichten* eine Rolle spielt. Bei bekannter Dichte der Schaltgewichte, die in ihrer technischen Ausführung nach neuer Eichordnung [7, S. 42] einer solchen von 8.000 gcm^{-3} entsprechen müssen, lässt sich die Auftriebskorrektur ohne Probleme berechnen.

Bei einer Waage, die mit *elektromagnetischer Kraftkompensation* arbeitet, liegen die Verhältnisse ähnlich. Aufgrund des sehr kompliziert gestalteten asymmetrischen Aufbaus lässt sich die Auftriebskorrektur ebenfalls nicht mehr direkt aus den Grundgleichungen 4.7 und 4.8 berechnen. Der Unterschied zu einer Substitutionsschaltgewichtswaage liegt aber darin, dass die Tarierung der letzteren in belastetem Zustand erfolgt, währenddem dies bei einer elektromagnetischen Kompensationswaage *nicht* der Fall ist. Durch die Anfangs-Nulltarierung werden nur die Auftriebsungleichgewichte aufgrund der ungleichmässigen Volumenverteilung des Waagbalkens, der Waagschale und der Kompensationsspule kompensiert, aber *nicht* der veränderte Auftriebswert für das Referenzgewicht, da der ihm entsprechende Stromwert der Kompensationsspule im elektronischen Speicher der Waage festgelegt ist.

Es ist deshalb *absolut notwendig*, eine solche Waage nach jeder Luftdichteschwankung, die durch Druck-, Temperatur- oder Feuchtigkeitsänderungen hervorgerufen werden kann, mittels eines geeigneten Gegengewichts bekannten Volumens oder Dichte neu zu eichen, was man Kalibrierung nennt. Aus diesem Grund sind alle modernen Kraftkompensationswaagen mit einer Kalibrierungseinrichtung versehen, welche die täglich notwendige Eichung vorzunehmen gestattet.

Nach erfolgter Kalibrierung kann der Korrekturfaktor k wieder über die Formel 4.11 berechnet werden, wobei zu beachten ist, dass die Referenzgewichte auf eine Dichte ρ_n von 8000 kgm^{-3} geeicht sein müssen. Wenn bei einem abgelesenen Wägewert m_w das Volumen V des Wägegutes bekannt ist, vereinfacht sich die Berechnung des Korrekturgliedes k auf

$$k = \rho_l \left(V - \frac{m_w}{\rho_n} \right). \qquad (4.12)$$

Auftriebskorrektur für Relativwägungen

Betrachten wir denselben Problemkreis für eine Relativmessung. Bei Schaltgewichtswaagen werden Relativmessungen mittels zweier Absolutmessungen durchgeführt, was demzufolge keine besondere Behandlung nach sich zieht. Die Massendifferenz berechnet sich aus den Einzelwägewerten. Letztere müssen nur dann auf Luftauftrieb korrigiert werden, wenn der Volumenunterschied der gewogenen Körper so gross ist, dass die angestrebte Fehlergrenze überschritten wird.

Bei Balkenwaagen entfällt jede Korrektur, wenn die Volumina gleich gross sind und keine Zusatzgewichte verwendet werden. Andernfalls muss im Sinne von Gleichung 4.8 eine Ausgleichsrechnung durchgeführt werden.

Bei den elektromagnetischen Waagen kann die täglich nötige Kalibrierung *mit* Belastung der Waage durch ein Wägegut A durchgeführt werden. Durch die gleichzeitig erfolgte Tarierung wird bei nachfolgender Wägung eines Wägegutes B nur die Gewichtsdifferenz $m_d = m_B - m_A$ gemessen. Zusätzlich wird der Auftrieb des Wägegutes A zu Null gesetzt. Dies hat zur Folge, dass man in der Berechnung des Korrekturgliedes k gemäss Glg. 4.12 anstelle des Volumens V von der Volumendifferenz V_D des Wägegutes B zu A auszugehen hat:

$$k = \rho_l \left(V_D - \frac{m_d}{\rho_n} \right), \text{wobei } V_D = V_B - V_A, \text{oder}$$

$$k = \rho_l \cdot \beta \text{ mit } \beta = V_D - \frac{m_d}{\rho_n}. \qquad (4.13)$$

Elektromagnetische Kräfte

Elektromagnetische Kräfte lassen sich in *statische* und *dynamische* unterteilen. *Magnetostatische* Kräfte treten nur bei selbst magnetischen Materialien auf. Das Vermeidungsprinzip ist aus dieser Tatsache einfach abzuleiten.

Von grösserer Bedeutung sind die *elektrostatischen* Aufladungen. Sie können den Wägevorgang empfindlich stören, da so zusätzliche Kräfte zwischen Wägegut und Umgebung (der Waage) auftreten. Besonders heikel sind isolierende Wägegüter wie Glas oder Kunststoff; aber nicht nur diese, sondern auch das Waagengehäuse kann durch Reibung (Staubwischen!) oder durch geladenes Bedienungspersonal elektrostatisch aufgeladen werden. Diese Kräfte sind besonders unangenehm, weil sie fluktuierend auftreten und sich deshalb nicht als bekannte systematische Fehler nachträglich korrigieren lassen; Gegenmassnahmen müssen daher präventiver Natur sein.

Benützer von Waagen sollten weder Kleider aus synthetischem Material noch Schuhe mit Gummisohlen tragen; die Raumfeuchtigkeit sollte nicht unter 50 Prozent fallen; trockene Reibung sämtlicher beteiligter Gegenstände ist zu vermeiden. Sollten entgegen aller Vorsichtsmassnahmen Ladungen vorhanden sein, können diese durch einen Ionenstrom entfernt werden. Diesem Zweck dienen ionisierende Präparate radioaktiver Natur, piezoelektrische Deionisatoren oder auch heisse Flammengase.

Anfänglich elektrisch neutrale Samen könnten durch Ladungstrennung oder durch Ausrichtung von Molekülen mit permanenten elektrischen Momenten Dipolfelder aufbauen, welche mit den Metallteilen der Waage wechselwirken. Eine theoretische Abschätzung dieses Effekts ist schwierig. Es gibt aber eine empirische Methode, eine Verfälschung der Wägeresultate durch pflanzliche elektrische Felder auszuschliessen.

In Kontrollexperimenten muss festgestellt werden, ob elektrostatische Aufladungen den Wägewert nur dann beeinträchtigen, wenn der Wägeteller der Waage vor dem Aufsetzen einer Ampulle angezogen wird. Wenn dies der Fall ist, kann eine Verfälschung des Wägeresultats ausgeschlossen werden, wenn sich die Anzeige der Waage vor dem Aufsetzen nicht ändert. Bei den eigenen Experimenten konnte nie beobachtet werden, dass eine Kresseampulle den Waagenteller anzog. Deshalb erscheint mir der Schluss gerechtfertigt, dass die Auswirkungen elektrostatischer pflanzlicher Felder zu vernachlässigen sind, da obige Voraussetzung erfüllt war.

Dynamische elektromagnetische Felder, wie sie durch Rundfunk, Fernsehen, Radaranlagen usw. erzeugt werden, sind jederzeit und überall vorhanden und können je nach spezifischer Situation Störungen hervorrufen. Diese entstehen durch Induktion an einstrahlungsempfindlichen elektrischen Verbindungen bei elektromagnetischen Kompensationswaagen, z.B. zwischen Wägezelle und Elektronik. Abhilfe kann bei entsprechenden Problemen nur individuellste Fehlersuche und nachfolgende Abschirmung sein, da je nach Lage, Frequenz, Intensität, Länge der beteiligten Bauteile usw. die Effekte sehr verschieden ausfallen [11].

Mechanische Erschütterungen

Infolge von Schockbeanspruchungen und Vibrationen können Messfehler durch Waagenveränderungen reversibler oder irreversibler Natur entstehen. Letztere entstehen bei sehr grosser Überlast oder Schockeinwirkungen, wodurch empfindliche Bauteile der Waage beschädigt werden, wie z.B. das Schneidenlager, der Waagbalken oder die Wägezellen. Solche Fehler werden im allgemeinen vom Bedienungspersonal schnell entdeckt.

Vibrationen äussern sich meistens als schlechte Reproduzierbarkeit, hohe Drift oder in ähnlichen Phänomenen und machen so schnell auf sich aufmerksam. Ihre Detektierbarkeit steht aber leider im allgemeinen in umgekehrt proportionalem Verhältnis zur Möglichkeit ihrer Abhilfe, da ihre Ursachen sehr vielfältiger Natur sein können, wie z.b. Klimaanlagen, Gebäudeschwingungen infolge von Strassenarbeiten oder Verkehr, Resonanzeffekte durch andere Maschinen usw. S. German und M. Kochsiek [28] bestimmten die spektralen Komponenten der Gebäudeerschütterungen der Physikalisch-Technischen Bundesanstalt. Die Maxima der Spektralzerlegung fanden sich bei 4 Hz und bei 50 Hz. Der niederfrequente Anteil stammte von bei Wind schwankenden Bäumen und vom Strassenverkehr der Umgebung, der andere Anteil von den im Gebäude selbst betriebenen Klimaanlagen.

Unter Umständen erweist sich bei stärkeren Vibrationen eine *direkte* Abhilfe, wie z.B. Elimination des Strassenverkehrs oder der Bäume der Umgebung, als nicht realisierbar. Da gute Dämpfungseinrichtungen nur sehr aufwendig zu realisieren sind, hilft in solchen Fällen eventuell ein Umsetzen der Waage. Hierbei ist zu beachten, dass Ecken von Gebäuden verwindungssteifer und deshalb weniger störungsbeladen als freie Wände oder Geschossdecken sind. Elektromagnetische Waagen besitzen manchmal eingebaute und den Umweltbedingungen anpassbare digitale Filter, um Vibrationen beizukommen; ihr Erfolg muss von Fall zu Fall untersucht werden.

4.2.2 Weitere systematische Fehlerquellen

Stoffe, die der normalen Umgebungsluft exponiert sind, besitzen eine Wasserhaut, welche eine systematische Verfälschung der Resultate mit sich bringt. Andere Möglichkeiten für systematische Fehler liegen in elektronischen Defekten, falscher Eichung, ungleichen Balkenlängen, lokalen Schwerkraftanomalien und in der Schwerpunktshöhenkorrektur.

Aufgrund des in der Luft vorhandenen dampfförmigen Wassers bildet sich auf allen ihr ausgesetzten Oberflächen ein Wasserniederschlag, der je nach Art der Oberfläche verschiedene Stärke besitzen kann. M. Kochsiek [7] spricht bei Stahl von einem Mikrogramm pro Quadratzentimeter (bei 60 Prozent relativer Luftfeuchte), E. Robens [26] von zwei bis vier monomolekularen Wasserschichten an Glas zwischen 40 und 80 Prozent relativer Luftfeuchte. Im ersten Teil des Kapitels 4.3.3 wird genauer auf dieses Phänomen eingegangen. Bei Relativwägungen von Gegenständen gleicher Oberfläche und Temperatur sind sowohl Gewicht wie Auftrieb dieser Wasserschicht bedeutungslos, da sie sich durch den Wägemodus herausheben. Bei real existierenden Oberflächendifferenzen müssen für Temperatur- oder Feuchtigkeitsänderungen gesonderte

Überlegungen angestellt werden, was in Kapitel 4.2.3 vorgenommen wird. Um den Einfluss des Wassers auszuschalten, das sich auf dem Waagbalken, den Gegengewichten usw. befindet, sollte jede Waage vor Gebrauch täglich neu kalibriert werden.

Systematische Elektronik- und Eichungsfehler bei Kompensationswaagen sind schwer detektierbar, für Relativmessungen in einem gewissen Rahmen aber ohne Bedeutung. Eine gewisse Kontrolle kann durch die Überprüfung des Gewichtswertes des eingebauten Kontrollgewichtes erreicht werden, die deshalb von Zeit zu Zeit ausgeführt werden sollte. Auch durch externe geeichte Gewichtsstücke kann die richtige Funktionsweise überprüft werden.

Bei Absolutwägungen mit Balkenwaagen können ungleiche Balkenlängen und lokale Schwerkraftanomalien systematische Fehlerquellen darstellen. Man überwindet sie mit Hilfe der Doppelwägung nach Gauss [13, S. 30]. Dazu wird jede Wägung mit vertauschtem Wägegut wiederholt. Der Wägewert ergibt sich als Durchschnitt der erhaltenen Gewichtswerte. Bei bekanntem Balkenverhältnis kann auf die Doppelwägung verzichtet werden.

Bei feinsten Wägungen ist eine Schwerpunktshöhenkorrektur [28] nötig, wenn die Schwerpunkte von Gegengewicht und Wägegut unterschiedlich hoch liegen; sie beträgt z.B. für 1 kg und 10 mm Höhenunterschied drei Mikrogramm. Diese Korrektur urständet in der Abhängigkeit der Gravitation vom Abstand der Schwerpunkte von Erde und gewogenem Körper (vgl. Gleichung 4.2). Bei Relativwägungen sind diese Einflüsse bei gleicher Höhenlage der Schwerpunkte der zu vergleichenden Gegenstände vernachlässigbar. Bei Wägeexperimenten nach R. Hauschka ist zu beachten, dass sich der Schwerpunkt der keimenden Pflanzen infolge des Wachstums verschiebt: bei einer Keimlingsgrösse von 20 mm bewegt er sich um rund 10 mm nach oben. Mit einer Samen- und Wassermenge von 10 g ergibt sich die Schwerpunktshöhenkorrektur zu 30 Nanogramm. Dieser Effekt ist damit um einen Faktor 1000 zu schwach, als dass er Rudolf Hauschkas Messergebnisse erklären könnte.

4.2.3 Fehler durch wechselnde Umweltbedingungen

Umweltparameter, die sich während einer Wägung ändern, können den Vergleich der zu wägenden Masse mit dem Referenznormal soweit stören, dass das Ergebnis nicht mehr interpretierbar ist. Hierbei wird unter dem Ausdruck Wägung eine ganze Messreihe verstanden, die sich im Extremfall über mehrere Stunden erstrecken kann. In bezug auf das Klima handelt es sich um die Faktoren Druck, Temperatur, Feuchte und Luftturbulenzen. Des weiteren können Spannungsschwankungen oder Netzausfälle den Betrieb von elektromagnetischen Waagen empfindlich stören.

Druckänderungen

Wenn sich der Luftdruck eines Raumes, in welchem eine Wägung durchgeführt wird, ändert, findet immer eine Kompression bzw. Expansion der anwesenden Stoffe statt. Um den Sprachgebrauch zu vereinfachen, betrachten wir im folgenden nur Luftdruck*zunahmen*.

Bei einem Anwachsen des Luftdrucks werden Waage, Wägegut und die Luft in unterschiedlichem Ausmasse komprimiert. Die aufgrund der Kompression erfolgte Volumenabnahme von Waage und Wägegut führt zu Hebelfehlern und *vermindertem* Auftrieb; das Volumen der Luft hingegen nimmt nicht ab, ihre Dichte aber zu, was einen *vergrösserten* Auftrieb zur Folge hat.

Die Volumenänderung ΔV eines festen Körpers mit dem Anfangsvolumen V lässt sich durch

$$-\Delta p = K \frac{\Delta V}{V} \qquad (4.14)$$

erfassen, wobei K den sogenannten Kompressionsmodul darstellt. Er beträgt beispielsweise für Eisen $1.7 \cdot 10^{11}$ Nm^{-2} und für Glas $3.8 \cdot 10^{10}$ Nm^{-2} [29, S. 114]. Grössere Luftdruckschwankungen bewegen sich in einem Rahmen von 20 mbar, was bei Stahl eine Kompression um $1.2 \cdot 10^{-8}$, bei Glas eine um $5.3 \cdot 10^{-8}$ hervorruft. Ein massiver Glaskörper von 100 cm^3 erleidet dann eine Volumenverminderung von $5.3 \cdot 10^{-6}$ cm^3; ein 20 cm langer Waagbalken kann sich um etwa einen Nanometer verkürzen. *Während* einer Wägung sind die Luftdruckschwankungen selten grösser als 1 mbar. Dies veränderte das Volumen des betrachteten Glaskörpers um $3 \cdot 10^{-7}$ cm^3. Die Dichte der Luft ändert sich gemäss Gleichung 4.9 bei einer maximalen Druckvariation von 20 mbar um 0.024 kgm^{-3}, bei einer solchen von 1 mbar um 0.0012 kgm^{-3}. Was für Auswirkungen haben die geschilderten Effekte?

Im Hinblick auf die Kompression der Waage kann festgehalten werden, dass sich auch bei grossen Luftdruckschwankungen die Geometrie einer Waage kaum verändert. Bei symmetrischen Balkenwaagen kompensiert sich der Effekt, bei asymmetrischen Waagen kann er durch tägliche Neutarierung eliminiert werden. Während einer Wägung auftretende Geometrieänderungen dürften sich kaum bemerkbar machen. Sicherheitshalber kann man beim Auftreten einer systematischen Drift die Messdaten durch eine Regressionskurve auf den Kalibrierungszeitpunkt zurückextrapolieren.

Nach H. Hensel [33] liegt der Kompressionsmodul für 25 cm^3-Glasampullen bei $5.6 \cdot 10^8$ Nm^{-2}. Die Kompressibilität ist also um einen Faktor 100 grösser als bei normalem Glas. Ein Wägegut, das aus einer Glasampulle eines Volumens von 25 cm^3 besteht, erfährt bei einer Druckänderung von 20 mbar eine Kompression von $9 \cdot 10^{-5}$ cm^3 und dadurch eine Auftriebsverminderung, die einer Massenänderung ($\rho_l \cdot \Delta V$) von rund 0.1 Mikrogramm entspricht. Dieser

Effekt lässt sich durch die Technik der Relativwägung kompensieren.

Bei Relativwägungen ist zu beachten, dass Volumendifferenzen einzelner Wägeobjekte verschiedene Volumenänderungsraten zur Folge haben. Für 25 cm^3-Ampullen und eine Volumendifferenz von 1 cm^3 entspricht die Auftriebsänderung einer Massendifferenz von 0.004 Mikrogramm; bei 100 cm^3-Ampullen und einer Volumendifferenz von 5 cm^3 ergäbe sich eine scheinbare Massenvariation von 0.02 Mikrogramm.

Die Auswirkungen, die eine von Tag zu Tag verschiedene Luftdichte auf den Auftrieb hat, wurden schon in Kapitel 4.2.2 diskutiert. Was passiert aber, wenn sich der Luftdruck während einer Wägung ändert? Der Effekt ist nicht ohne weiteres vernachlässigbar, wie eine Überschlagsrechnung nach $F_A = \rho_l \cdot V \cdot g$ zeigt: die scheinbare Massenänderung eines Volumens von 100 cm^3 beträgt bei $\Delta \rho_l = 0.0012 \cdot 10^{-3}$ gcm^{-3} rund 0.1 Milligramm. Bei symmetrisch gebauten Balkenwaagen, wo mit Wägegläsern gewogen wird, sind keine Effekte zu erwarten. Substitutionsschaltgewichtswaagen können zwischen jedem Teilschritt einer Wägung neu tariert werden, womit der Auftriebseffekt des asymmetrischen Waagengestänges entfällt. Bei wiederholten Absolutmessungen ändert sich die Masse des Wägegutes scheinbar; dieser Effekt lässt sich aber durch Rückextrapolation der Messwerte auf Messbeginn, wo der Luftdruckwert aufgenommen wurde, ausschalten. Bei elektromagnetischen Komparatorwaagen muss bei Absolutwägungen gleich wie bei Schaltgewichtswaagen vorgegangen werden, da diese vom Funktionsprinzip her eine Einheit bilden (vgl. 4.2.2). Hier hat man aber bei Relativwägungen den Vorteil, nur noch nach Gl. 4.13 die Volumendifferenz in Betracht ziehen zu müssen: die Massenänderung rückt so bei einer Volumendifferenz von 1 cm^3 in die Grössenordnung von einem Mikrogramm; auch der zweite Term in Gl. 4.13 bleibt bei einer Massendifferenz von 10 Gramm unterhalb der Messgenauigkeit. Je nach Situation können sich die Effekte auch kompensieren. Bei grösseren Volumendifferenzen oder starken Klimaanlagen kann sich der Effekt als Drift bemerkbar machen; in der Auswertung muss dann eine Rückextrapolation auf den Kalibrierungszeitpunkt vorgenommen werden.

Eine weitere Fehlermöglichkeit birgt die Existenz von Transienten. Transienten sind kurzfristige Druckschwankungen im Sekunden-Bereich; sie werden z.B. durch Windstösse hervorgerufen. Bei Luftstauungen durch spezielle Fenster- und Hausgeometrien können unkontrollierbare Druckkräfte im Bereich der Waage auftreten. Während der eigentlichen Wägung haben solche Vorgänge normalerweise keinen Einfluss auf die Wägeergebnisse (s.o.); bei starken Windstössen konnte empirisch beobachtet werden, dass sich die Waagenanzeige im 10-Mikrogramm-Bereich verändert. Derartig verfälschte Einzelwägewerte müssen verworfen werden.

Bei elektromagnetischen Waagen gibt es eine weitere durch Transienten verursachte Fehlerquelle. Während des Kalibrierungsvorganges kann die Eichung durch kurzzeitige Auftriebsschwankungen des Kalibriergewichts verfälscht werden. Dies äussert sich in einer systematischen Differenz der Wägewerte vom realen Gewicht; dieser Fehler weist einen konstanten und einen mit steigendem Wägewert linear zunehmenden Anteil auf. Diese scheinbare Gewichtsvariation betrifft sämtliche Wägegüter, also sowohl Pflanzen- wie Kontrollampullen in R. Hauschkas Versuchsanordnung. Auf diese Tatsache stützt sich eine mögliche Korrektur dieses Nebeneffekts; deren genaue Form hängt aber vom speziellen experimentellen Design ab, weshalb erst im Kap. 5.2.3 genauer auf sie eingegangen werden soll.

Temperaturänderungen

Infolge von Temperaturschwankungen können sich die Abmessungen aller bei einer Wägung beteiligten Körper ändern. Um die Bedeutung dieses Effektes abzuschätzen, gehen wir von folgender Grundgleichung aus:

$$L = L_0 \cdot (1 + \alpha \cdot \Delta T). \tag{4.15}$$

Die Länge L nach einer Temperaturänderung ΔT berechnet sich aus der Anfangslänge L_0 mithilfe des Längenausdehnungskoeffizienten α; dieser beträgt z.B. für normales Glas durchschnittlich $5 \cdot 10^{-6}$ K^{-1} und für Metalle ungefähr $20 \cdot 10^{-6}$ K^{-1} [12, Bd. 3, S. 86 u. 99]. Für eine Volumenausdehnung V modifiziert sich die Formel sinngemäss, wobei für den Volumenausdehnungskoeffizienten γ annähernd $\gamma = 3\alpha$ gilt:

$$V = V_0 \cdot (1 + \gamma \cdot \Delta T). \tag{4.16}$$

Bei einer Temperatursteigerung von sechs Grad verlängert sich so ein Waagbalken von 20 cm um 0.024 mm; das Volumen eines 100 cm^3-Glaskörpers vergrössert sich um 0.00900 cm^3.

Diese von Tag zu Tag maximal zu erwartenden Effekte haben die gleichen Auswirkungen wie die schon besprochenen Druckänderungseffekte, lassen sich also auch in der gleichen Art und Weise beheben: Geometrie- und Auftriebseffekte der Waage durch Neutarierung und Eichung; Auftriebseffekte bei dem Wägegut durch den Relativwägemodus. Auch hier gilt für letztere, dass die Effekte aufgrund von Volumendifferenzen zwischen den Wägegütern vernachlässigbar sind. So besitzt ein 105 cm^3-Glaskörper bei $\Delta T = 6$ K eine Expansion von 0.00945 cm^3. Die dieser Volumendifferenz von $4.5 \cdot 10^{-4}$ cm^3 entsprechende Auftriebsdifferenz entspricht einer Gewichtsänderung von 0.54 Mikrogramm. Bei einer hohlen Glaskugel erhöht sich bei einer Temperaturänderung zwar der Innendruck, was eine vergrösserte Expansion der Glaskugel erwarten liesse, die aber wegen des gleichzeitig erhöhten Aussendrucks nicht zum

Tragen kommt. Die Temperaturexpansion wird deshalb in gleichem Masse vor sich gehen wie bei einer massiven Glaskugel.

Die *während* einer Wägung auftretenden Temperaturgradienten könnten sich - falls überhaupt - in einer Drift der Messergebnisse zeigen. Auch diese kann durch eine Rückextrapolation auf den Kalibrierungszeitpunkt eliminiert werden.

Temperaturänderungen rufen des weiteren Änderungen der Umgebungsluftdichte hervor, so z.B. bei fünf Grad 0.02 kgm^{-3}. Die Behandlung des dadurch variierenden Auftriebs fällt mit der des letzten Abschnitts über Druckänderungen zusammen, da der verursachte Effekt in der gleichen Grössenordnung liegt.

Temperaturvariationen haben auch einen vermehrten oder verminderten Feuchtigkeitsniederschlag auf allen am Wägeprozess beteiligten Oberflächen zur Folge. Der Effekt des von Tag zu Tag verschiedenen Niederschlags kann ebenfalls durch die oben erwähnte Technik der Relativwägung entfernt werden. Es müssen einzig die Variationen der Wasserschicht, die der Oberflächendifferenz der Wägegüter entspricht, betrachtet werden. Die Oberfläche S eines kugelförmig angenommenen Körpers errechnet sich aus seinem Volumen V mithilfe der Formel

$$S = 4\pi \left(\frac{3V}{4\pi}\right)^{\frac{2}{3}}. \tag{4.17}$$

Schwankungen von V zwischen 100 und 105 cm^3 entsprechen Oberflächen von 104 bis 107 cm^2. Mit dieser Oberflächendifferenz von 3 cm^2 erhält man bei einer Temperaturänderung von 6 Grad eine Massenänderung von etwa zehn Nanogramm, da sich der Wasserniederschlag pro Grad nur um ein halbes Promille ändert (vgl. Kap. 4.3.3).

Ein weiteres mögliches Problem wäre der Umstand, dass die Ampullen, welche Pflanzen enthalten, eine von den Kontrollgefässen verschiedene Temperatur besitzen. Dies könnte durch den Energieumsatz von endo- oder exothermischen chemischen Reaktionen oder auch durch ein verändertes Albedo (Rückstrahlungsvermögen) verursacht sein. Dieser Temperaturunterschied könnte sich im Laufe der Zeit verändern und so durch verschieden starken Wasserniederschlag eine Gewichtsvariation hervorrufen. Bei einer hypothetisch angenommenen Temperaturdifferenz von fünf Grad Celsius erhält man aufgrund der im Kapitel 4.3.3 angegebenen Daten eine scheinbare Massendifferenz von 0.25 Mikrogramm, was unter der Messgenauigkeit liegt. Eine solche Temperatursteigerung riefe auch eine Volumenausdehnung hervor, deren zusätzlicher Auftrieb eine scheinbare Massenabnahme von 9 Mikrogramm zur Folge hätte. In Wirklichkeit unterscheiden sich die Temperaturen von Wägegut und Kontrollampulle um weniger als 0.1 °C.

Luftturbulenzen

Luftströmungen innerhalb des Wägeraums aufgrund von Temperaturgradienten können das Wägeergebnis beeinflussen. Es ist daher darauf zu achten, dass Wägegut und Waage gleiche Temperatur besitzen. Die Schiebefenster einer Waage müssen während der Wägung selbstverständlich geschlossen sein. M. Gläser [30] beobachtete bei Relativwägungen von Gegenständen, die eine Temperaturdifferenz von 5 °C aufwiesen, durch Konvektion verursachte scheinbare Massenänderungen von bis zu 500 Mikrogramm. Der Effekt ist damit keineswegs vernachlässigbar. Da er empfindlich von der jeweiligen Geometrie des Wägegutes, des Wägeraumes und des Waagentellers abhängt, müssen Fehlerabschätzungen auf individueller Basis durchgeführt werden.

Feuchtigkeit

Auch die Feuchtigkeit der Luft kann Schwankungen unterworfen sein, die eine verschieden starke Ablagerung von Wasser auf allen Oberflächen zur Folge haben. Auch diese Effekte kann man durch Neutarierung, Kalibrierung und die Technik der Relativmessung eliminieren; es bleibt eine einzige Fehlermöglichkeit aufgrund einer nichtverschwindenden Oberflächendifferenz bestehen. Wie in Kapitel 4.3.3 aufgezeigt wird, ändert sich zwischen 10 und 80 Prozent relativer Luftfeuchte der Oberflächenniederschlag um 0.4 μgcm^{-2}. Bei 3 cm^2 Oberflächendifferenz entspricht einer solchen Änderung eine Gewichtsdifferenz von rund einem Mikrogramm, die unterhalb der verfügbaren Messgenauigkeit liegt. Der Auftrieb des zusätzlich abgelagerten Wassers ist ebenfalls vernachlässigbar.

4.3 Abgeschlossenheit des Systems

Hauschkas Wägeversuche beruhen auf dem Prinzip, dass Pflanzensamen, die zusammen mit Wasser in Glaskolben eingeschlossen werden, keinen Stoffaustausch beliebiger Natur mit der Welt jenseits der Glaswand besitzen. Dies kann natürlich angezweifelt werden, da aus der physikalischen Praxis bekannt ist, dass z.B. Helium relativ leicht durch Quarzglas hindurchdiffundieren kann.

Es soll im folgenden abgeklärt werden, ob das System ‚keimende Pflanzensamen und Wasser im zugeschmolzenen Glaskolben' hinreichend gegen Masse- bzw. Substanzaustausch mit der Umgebung gefeit ist. Ein solcher kann auf drei Arten geschehen:

- Die Glaswand wäre aufgrund räumlich-geometrischer Defekte gar nicht dicht; man denke z.B. an Risse oder Mikrokanülen.

- Das Glas könnte von innen oder aussen chemisch verändert werden; eine Auslaugung oder gar völlige Auflösung ist denkbar.

- Aufgrund rein physikalischer Diffusionsvorgänge ist ein Stoffaustausch durch die Glaswand hindurch vorstellbar.

4.3.1 Glasgeometrie

Um die dargestellten Versuche durchführen zu können, müssen Pflanzensamen und Wasser in Glasgefässe gefüllt werden, die danach zugeschmolzen werden. Im Laufe der Zeit wurden dazu sowohl normale Medizinalampullen grösseren Formats (25 cm^3) wie auch Spezialanfertigungen (vgl. Kap. 5) verwendet; die Stärke des verwendeten Glases betrug im allgemeinen 0.5 mm. An rein räumlich-geometrischen Defekten solcher Glasgefässe sind folgende denkbar:

- Beim Zuschmelzen wird die Abschmelzstelle nicht sachgemäss verschlossen, wodurch über eine Mikrokanüle Stoffaustausch mit der Umgebung möglich ist.

- Beim Abkühlen nach dem Herstellungsprozess oder nach dem Abschmelzvorgang entstehen aufgrund thermischer Ausdehnung grosse mechanische Spannungen, die zu Rissen im Glas führen.

- Glas könnte aus prinzipiellen Strukturgründen mit Löchern und Rissen durchsetzt sein, die einen Totalabschluss der Aussenatmospäre verhindern.

Der erste angeführte Fall ist nicht nur denkbar, sondern auch realmöglich. Sowohl beim Studium von Hauschkas Protokollen wie auch bei eigenen Experimenten konnte beobachtet werden, dass ein Glas durch einen rapiden Gewichtsverlust auffiel, der während der ganzen Messzeit andauerte und ein Vielfaches über dem erwarteten Effekt lag. Dass dieser Vorgang auf ein unvollständig verschlossenes Glas zurückzuführen ist, zeigt eine kurze Überlegung: aufgrund des eingeschlossenen Wassers herrscht im Innern der Ampulle eine relative Luftfeuchtigkeit von gegen 100 Prozent. Aufgrund der Gesetzmässigkeit des Partialdruckausgleichs bleibt dem Wasserdampf nichts anderes übrig, als aus dem Glas zu entweichen, da die äussere Luftfeuchtigkeit deutlich unter dem inneren Wert liegt (meistens zwischen 50 und 70 Prozent). Nie können Gewichts*zunahmen* einzelner Gläser oder auch Gewichtsabnahmen, die nicht nur monoton fallende Eigenschaften aufweisen, durch unvollständigen Abschluss von der Aussenwelt erklärt werden. Der Gewichtsverlust durch die Wasserverdunstung übersteigt mit Sicherheit den Gewichtsgewinn durch die Assimilation der keimenden Pflanzen in den ersten zwei Wachstumswochen. Wenn bei Relativwägungen eine monotone Gewichtszunahme *aller* Gläser beobachtet würde, müsste dies durch einen Gewichtsverlust des Tariergefässes gedeutet werden. Gleiches gilt auch für Risse und sonstige Löcher, gleich, wie und wann sie entstanden sind.

Undichte Ampulllen könnten noch andere Fehler verursachen: wenn der Luftdruck zunimmt, fliesst auch mehr Luft in die Gläser hinein, wodurch das Gewicht zunimmt. Oder: durch den Wasserverdampfungsprozess existiert nach dem Prinzip des Raketenantriebs ein einseitiger Impulsübertrag auf die Ampulle, welcher nach $F = dp/dt$ eine Kraft hervorriefe, die das Gewicht des Glases vergrösserte. Diese Effekte könnten alternative Erklärungsmöglichkeiten für Gewichts*zunahmen* darstellen.

Dies führt zu folgenden Überlegungen: Wenn eine Kanüle Gaseinlass zulässt, gleicht sich der Innendruck der Ampulle dem Aussendruck an. Da damit Innen- und Aussendichte der Luft als gleich gross zu betrachten sind, neutralisieren sich Gewicht und Auftrieb zu Null. Oder anders formuliert: da das sich in der Ampulle befindende Gasvolumen mit der Aussenwelt in Verbindung steht, gehört es gar nicht mehr zum Glasinhalt, sondern zur Aussenwelt. Erstere obige Vermutung entfällt damit.

Die Kraft aufgrund des Impulsübertrags liegt um Grössenordnungen unter dem beobachteten Hauschka-Effekt, wovon man sich am besten selbst durch eine Überschlagsrechnung überzeugt.

Bei äusserst feinen Kapillaren könnte man sich vorstellen, dass der Druckausgleich verzögert erfolgt. Dadurch könnten sich Fehler einschleichen, die durch die Auftriebskorrekturen entstehen, welche sich auf ein geschlossenes Gefäss beziehen. Wenn die Kapillare aber einen Druckausgleich mit der Atmosphäre zulässt, wird sie gleichermassen einen Partialdruckausgleich des Wasserdampfes zulassen. Dies führt zu einer monoton fallenden Gewichtskurve, welcher unter Umständen eine Luftdruckmodulation aufgeprägt ist. Auch ein sehr kleines Loch kann so entdeckt werden.

Diese Argumentation gründet sich auf die Gültigkeit des Hagen-Poiseuille-schen Gesetzes für Gase [32]:

$$i = \frac{v}{t} = \frac{\pi r^4 (p_1 - p_2)}{8 \eta l}. \tag{4.18}$$

Die laminare Volumenströmung i (Volumen V pro Zeit t) eines Gases durch ein Rohr der Länge l und dem Radius r ist proportional zur Druckdifferenz $p_1 - p_2$ an den Enden der Kapillare und umgekehrt proportional zur Viskosität η. Letztere beträgt bei Raumtemperatur für Luft rund 18 μPoise und für Wasserdampf etwa 8 μPoise [12, Bd. 3, S. 61 u. 96]. Bei 50 Prozent äusserer Luftfeuchte und einem Wasserdampfdruck von rund 24 mbar bei 20 °C beträgt die Druckdifferenz für Wasserdampf etwa 12 mbar. Tägliche Luftdruckänderungen sind selten grösser als 5 mbar, was zeigt, dass die Wasserdampfvolumenströmung die Luftströmungsrate mindestens um einen Faktor 4 überwiegt. Das Gewicht von undichten Ampullen, die Wasser enthalten, nimmt auf jeden Fall monoton ab, unabhängig von Lochdurchmesser und äusseren Luftdruckschwankungen.

Für die erwähnte Vermutung, dass Glas von Natur aus mit Rissen und Löchern durchsetzt wäre, gilt die schon gegebene Argumentation; zusätzlich kann das natürliche Auftreten von Rissen und Löchern aufgrund aller mir vorliegenden Daten und Erfahrungen ausgeschlossen werden.

Aus der Glasbruchforschung und der täglichen Praxis ist die Wichtigkeit von kleinen Anfangsrissen bekannt, entlang derer sich bei mechanischer Beanspruchung die makroskopischen Bruchkanten ausbilden [18]. Aber auch ohne künstliche Herstellung solcher Sollbruchstellen gibt es in jedem unbehandelten Glas kleine Anfangsrisse, die sog. Griffith-Cracks, deren Entstehung noch weitgehend ungeklärt scheint [23]. Ihre maximale Tiefe liegt zwischen einem und maximal fünf Mikrometer; bei einer 0.5 mm starken Glaswand machen diese Risse also maximal ein Prozent der Wandstärke aus. Es gibt also keinen geometrisch-glastechnischen Grund, weswegen an der Dichtigkeit der verwendeten Glasampullen gezweifelt werden müsste.

Der einzige Effekt dieser Risse liegt in einer minimalen Oberflächenvergrösserung, welche bei circa fünf Prozent [27] liegt, da normales Glas bis zu 10^4 Kerbstellen pro Quadratzentimeter aufweist [23, S. 171]. Eine weitere Relevanz kommt diesen Kerbstellen nicht zu. Von Natur aus gibt es bedeutsame Anfangsrisse (20 bis 50 Mikrometer) nur in Glassystemen mit Phasentrennung, wie sie für extreme Bedingungen als Spezialgläser hergestellt werden; in normalem Glas ist nach H. Scholze [25] damit nicht zu rechnen. Erst nach Anrauhen mit SiC-Papier können sich aufgrund mechanischer Spannungen auch in normalem Glas tiefere Risse entwickeln.

Zusammenfassend kann festgehalten werden, dass sich undichte Ampullen aufgrund ihrer monotonen Gewichtsabnahme unmittelbar bemerkbar machen und dass deshalb keine Gefahr einer Fehlinterpretation besteht.

4.3.2 Glaschemie

Es ist allgemein bekannt, dass es sich bei Glas um eine der Substanzen handelt, die unter normalen Umständen chemisch äusserst träge reagieren; als berühmte Ausnahme ist die Fluss-Säure HF geläufig. Bei genauerer Betrachtung muss jedoch festgehalten werden, dass Glas - wenn auch langsam - durch andere chemische Substanzen ebenfalls korrodiert wird, selbst durch normales destilliertes Wasser. Ausserdem gibt es Tausende verschiedener Glassorten, die alle

unterschiedlich auf Säuren, Basen oder neutrale Lösungen reagieren.
Die möglichen Reaktionen lassen sich in drei Hauptgruppen unterteilen: entweder wird die Glasoberfläche so modifiziert, dass eine neue, resistente Struktur entsteht, wodurch der Korrosionsprozess gestoppt wird, oder die Reaktion schreitet immer weiter fort, wobei das Glas entweder nur ausgelaugt oder auch ganz aufgelöst werden kann.

Zusammensetzung und Struktur von unbehandeltem Glas

Unter Glas wird heute eine feste Substanz verstanden, die von ihrem molekularen Aufbau her kein kristallin geordnetes Gitter, sondern eine ungeordnete Struktur aufweist - wie wenn man eine Flüssigkeit schlagartig einfrieren würde. Demzufolge gibt es auch metallische und andere ungewohnte Gläser mit exotischer Zusammensetzung. Hier sollen nur die ‚normalen' Gläser mit Kieselsäure (SiO_2) als Hauptbestandteil untersucht werden.

Reines SiO_2-Glas bezeichnet man als Kieselglas, häufiger jedoch als Quarzglas, obwohl das streng genommen nicht sinnvoll ist, da Quarz eine kristalline Modifikation von SiO_2 darstellt. Normale technische Gläser bestehen zur Hauptsache aus Kieselsäure mit verschiedenen Zusätzen wie B_2O_3, Al_2O_3, Na_2O, K_2O, CaO, MgO und BaO. Je nach Mischungsverhältnis erhält man Spezialgläser mit besonderen chemischen, optischen, mechanischen oder thermischen Eigenschaften [25].

Im allgemeinen nimmt man heute an, dass die Grundstruktur aus ungeordneten SiO_4-Tetraedern besteht; diese sogenannte Netzwerkhypothese von Zacharasien steht bis jetzt mit keinen experimentellen Fakten in Widerspruch, kann aber aus prinzipiellen physikalischen Gründen noch nicht als bewiesen gelten[4]. In diese Grundstruktur können andere Ionen (z.B. die oben angeführten) als Netzwerkänderer eingelagert werden.

Auch die noch unbehandelte Oberfläche weist im allgemeinen strukturelle Modifikationen auf, die aber immer noch nicht-kristalliner Natur sind [31]. Die Sauerstoffionen der Glasstruktur besitzen eine grosse Reaktionsbereitschaft und reagieren deshalb sofort nach der Herstellung und Erkaltung des Glases an der Oberfläche mit Spuren von Wasserdampf nach $Si_2O + H_2O$ zu zwei SiOH-Gruppen, auch Silanolgruppen genannt. Deren thermische Stabilität ist relativ hoch: sie können erst durch Erhitzung auf 500 Grad Celsius entfernt werden. Die starke Polarität dieser OH-Gruppen führt dann über Wasserstoffbrücken zu weiterer Physisorption (vgl. Kap. 4.3.3) von einigen Moleküllagen Wasser.

---

[4]Auf strukturelle Feinheiten wie z.B. Phasentrennungen, Mikrokristallite usw. soll hier nicht eingegangen werden.

Prinzipielle Reaktionsmöglichkeiten

In der allgemein zugänglichen Literatur sind viele Publikationen vorhanden, die das Verhalten von Glas gegenüber wässrigen Lösungen untersuchen und diskutieren. Wir fassen diese Erfahrungen zusammen und stützen uns dabei unter anderem auf ein Buch [25] und einen Artikel [24] von H. Scholze sowie auf eine Publikation von K. Kühne [23].

Beim Angriff einer *Säure* wird das einem Glas zugrunde liegende SiO_2-Netzwerk aufgrund seiner eigenen Azidität praktisch nicht in Mitleidenschaft gezogen. Aus diesem Grund ist reines Kieselglas gegenüber Säuren sehr resistent. Erst nach Einbau weiterer Ionen als Netzwerkwandler (wie z.b. Na^+- und Ca^{2+}-Ionen bei einem Kalk-Natron-Glas) kann ein Austausch derselben mit H^+-Wasserstoffionen der sauren Lösung stattfinden. Durch diesen oft als Interdiffusion gedeuteten Vorgang verarmt das Glas primär an Alkalien, weshalb man von *Auslaugung* spricht.

Die Applikation einer *alkalischen Lösung* führt zum Aufbrechen der Si-O-Bindungen, was mit der Zeit (s.u.) eine vollständige Auflösung des Glases zur Folge hat. Diesem Vorgang liegt offenbar eine echte chemische Reaktion zugrunde.

In beiden Fällen ist es möglich, dass bei speziellen Gläsern durch die Reaktion schwerlösliche Schichten auf der Oberfläche ausgebildet werden, die als Schutz vor weiterer Desintegration fungieren. Als Beispiele werden bei Säureangriff das Pyrex-Glas [31, S.133] und bei Laugeangriff erdalkalienreiche Gläser [25, S. 312] angeführt.

Weniger bekannt ist die Agressivität von reinem Wasser oder pH-neutralen Salzlösungen. Im ersteren Fall wird zuerst ein Ionenaustausch der Alkalimetallionen mit den auch in neutralem Wasser immer vorhandenen Wasserstoffionen vollzogen, wodurch das Wasser alkalisch wird und das Netzwerk aufzulösen beginnt. Wie dieser Vorgang in der Praxis genau abläuft, hängt empfindlich von den Rahmenbedingungen ab und kann daher nicht allgemein bestimmt werden. Durch den Einfluss von in Wasser gelösten Fremdsalzen wie z.B. LiCl, NaCl und KCl wird die Beständigkeit von Glas nochmals deutlich beeinträchtigt. Gegenüber reinem Wasser erhöht sich die Auflösungsgeschwindigkeit bei den oben angeführten Salzen um einen Faktor 15 bis 60 [25, S.313], wobei der dies hervorrufende Mechanismus noch nicht geklärt zu sein scheint.

DIN-Klassen

Empirisch versucht man der differentiellen Empfindlichkeit verschiedener Glassorten dadurch Herr zu werden, dass man in verschiedenen DIN-Normen Test- und Messvorschriften angibt, nach welchen Gläser in verschiedene Resistenzklassen gegenüber den oben erwähnten Reagentien eingeteilt werden. In DIN 12116 wird die Säurebeständigkeit in drei Klassen, in DIN 53322 die Laugewiderstandsfähigkeit in ebenfalls drei Klassen und in DIN 12111 schliesslich die Wasserresistenz in fünf hydrolytische Klassen unterteilt, wobei eine der Zahl nach niedrige Klassenzugehörigkeit eine hohe Glasbeständigkeit kennzeichnet. Bei Kühne [23, S. 166 ff.] und bei Scholze [25, S. 308ff.] findet man zu diesem Thema nähere Ausführungen.

Als Beispiel seien die Eigenschaften eines sogenannten Neutralglases, das in der Medizintechnik für Ampullen verwendet wird, und eines Glases des Pyrex-Typs referiert: die hydrolytische Klasse ist in beiden Fällen 1, die Säureklasse für das Neutralglas 2-3, für das Pyrexglas 1 und die Laugenklasse wieder für beide 2.

Es sei aber schon an dieser Stelle erwähnt, dass überhaupt messbare Korrosionseffekte nur unter extremen Bedingungen auftreten, wie sie in den DIN-Normen gefordert werden, da diese auf die Bedürfnisse der chemischen Industrie ausgerichtet sind. So werden nach DIN 53322 die Glasproben im Rückfluss drei Stunden in einer 1N-Lösung von NaOH und Na_2O_3 gekocht. Bei normalen Umgebungstemperaturen und Drücken sind keine Abbauerscheinungen in makroskopisch bedeutsamem Rahmen zu erwarten [31, S.128]. Diese Aussage soll jetzt quantitativ erhärtet werden.

Zeitskalen

Um die Relevanz chemischer Desintegrationsprozesse für die Wägeversuche abschätzen zu können, muss bekannt sein, in welchem Zeitrahmen diese Auslaugungs- und Auflösungsphänomene vor sich gehen. Es sei zuerst der in der Literatur am häufigsten behandelte Fall betrachtet: das Reservoir des chemischen Agens sei unerschöpflich. In diesem Fall kann sich keine räumlich-chemische Gleichgewichtskonfiguration einstellen und der Abbau schreitet immer weiter fort - falls sich keine Schutzschicht bildet. Aus verständlichen Gründen braucht der letzte Fall für unsere Zwecke nicht näher untersucht zu werden.

Im Falle der Auslaugung erhält man aufgrund der Fickschen Diffusionsgesetze eine mit $\sqrt{t}$ fortschreitende Angriffsfront, in welcher die Alkali-Konzentration auf einen bestimmten Wert erniedrigt und durch Wasser ersetzt wird, was zu einer Gelschicht führen soll. Die Eindringtiefe d ist mit der Zeit t durch den Diffusionskoeffizienten D verknüpft:

$$d^2 = D \cdot t, \text{ bzw. } d = \sqrt{D \cdot t}, \qquad (4.19)$$

wobei der Diffusionskoeffizient selbst in üblicher Weise exponentiell von der Temperatur abhängt:

$$D = A \cdot e^{-\frac{E}{RT}}. \qquad (4.20)$$

Die Konstanten A und E müssen empirisch ermittelt werden, T ist die Temperatur und R die universelle Gaskonstante. Abweichungen von diesem Gesetz wurden festgestellt, sind aber für unsere Zwecke von untergeordneter Bedeutung. So ziehen manche Autoren ein logarithmisches Gesetz vor. Im Falle der völligen Auflösung fand man, dass die Abbaurate der Zeit proportional ist. Zusammenfassend gesehen kann man mit dem Ansatz

$$d = a \cdot \sqrt{t} + b \cdot t \qquad (4.21)$$

Überschlagsrechnungen zur Abschätzung der Zeitdauer durchführen, die zur restlosen Durchlaugung oder Auflösung einer Glaswand einer bestimmten Dicke benötigt wird.

G.-H. Frischat [17] erhielt sowohl für Wasser wie auch für KCl-Lösung bei einem Kalk-Natron-Silikatglas der hydrolytischen Klasse 3 Interdiffusionskoeffizientenwerte von maximal 10^{-14} cm^{2}s^{-1} bei einer Temperatur von 90 Grad Celsius. Für diese Prozesse ist in Gl. 4.21 $b = 0$ und $a = \sqrt{D}$. Um eine Ampullenwand mit einer typischen Stärke von 0.5 mm zu durchdringen, braucht die Angriffsfront rund $2.5 \cdot 10^{11}$ s, also rund 8000 Jahre. Für NaCl liegen die Werte in der gleichen Grössenordnung. Selbst für eine effektive Wandstärke von 0.1 mm, wie sie z.B. durch ungünstig gelagerte Griffith-Cracks und unprofessionelles Zuschmelzen entstehen kann, benötigt die Front eine Zeit von 300 Jahren. Bei *Raumtemperatur* fällt der Diffusionskoeffizient um einen Faktor 1000 auf $D = 10^{-17}$ cm^{2}s^{-1} [31, S. 154], was zu einer Permeationsdauer von 8 Millionen Jahren führen würde; des weiteren steigt sie bei Gläsern einer niedrigeren Hydratationsklasse noch weiter an.

Andere Messungen von H. Scholze [24] bestätigen die Gültigkeit des $\sqrt{t}$-Gesetzes für 0.1 molare *Salzsäure* bei einem Glas der Säureklasse 2 und der hydrolytischen Klasse 3. Dieser Publikation kann man für T = 40 Grad Celsius einen Diffusionskoeffizienten D von $3.6 \cdot 10^{-17}$ m^{2}s^{-1} entnehmen; für 20 Grad kann er auf $4 \cdot 10^{-18}$ m^{2}s^{-1} geschätzt werden. Um 0.1 mm dieses nicht besonders resistenten Glases auszulaugen, braucht es ungefähr 100 Jahre, um den ungünstigsten Fall von oben wieder aufzugreifen. Für destilliertes Wasser erhielt H. Scholze denselben Diffusionskoeffizienten wie für die schon erwähnte 0.1 molare Salzsäure. Er führte auch Experimente mit 5 molaren NaCl-Lösungen durch, wobei sich hier der Auslaugung eine grössere Netzwerkauflösung überlagerte. Nach Einwirkung dieser Lösung bei T = 80 Grad Celsius und 100 Stunden ergab sich eine Abtragtiefe von einem Mikrometer. Für T = 20 Grad kann dieser Wert auf 0.1 Mikrometer extrapoliert werden, womit sich die Abtragrate (unter Voraussetzung einer linearen Zeitabhängigkeit nach Gleichung 4.21) zu $2.8 \cdot 10^{-13}$ ms^{-1} ergibt. Um 0.1 mm des verwendeten Glases aufzulösen, wären wiederum rund 10 Jahre nötig. Eine völlige Auflösung der Glaswand würde man auch während des Experiments bemerken; dasselbe gilt für jegliche Laugeneinwirkung, für die keine direkten experimentellen Daten auffindbar waren. Aus den DIN-Normen lässt sich allerdings entnehmen, dass die aufgelöste Glasmasse bei Laugeneinwirkung für die Laugenklasse 1 um einen Faktor 10 grösser ist als die ausgelaugte Masse bei Säureeinwirkung auf ein Glas der Säureklasse 1. Bei einem 10-prozentigen Alkalianteil bedeutet das, dass die Auslaugtiefe für Säuren bei Gläsern der Säureklasse 1 gleich tief ist wie die Auflösungstiefe für Laugen bei Gläsern der Laugenklasse 1, da bei Säureeinwirkung nur der Alkalimetallanteil herausgelöst wird.

Das Studium weiterer Arbeiten [19] bestätigt das geschilderte Bild wie auch die unmittelbare Annahme der grossen Zeitdauer, die für völlige Auslaugung oder Auflösung einer makroskopischen Glaswand nötig ist.

Bedeutung für die Wägeversuche

Den oben angeführten Überlegungen und Abschätzungen kann man entnehmen, dass schon bei nicht besonders säure- und laugenresistentem Glas Wände der Stärke 0.1 mm innerhalb einiger Monate als *vollkommen dicht* anzusehen sind. Masseaustausch mit der Umgebung aufgrund von chemischen Reaktionen oder Diffusion aus der wässrigen Phase ist bei Raumtemperatur völlig auszuschliessen. Dies gilt erst recht bei Verwendung von qualitativ hochstehendem Glas wie z.B. des Pyrex-Typs mit Säure- und Laugenklasse 1.

Zudem beruhen alle oben angeführten Daten darauf, dass eine sehr grosse Menge von Reaktionsmaterial bereitgestellt wurde. Im Falle einer Ampulle mit endlichem Inhalt wird der Säure- bzw. Laugevorrat innerhalb einer gewissen Zeit aufgebraucht sein und so jede Reaktion zum Stillstand kommen. Dies gilt sowohl für die innere wie für die äussere Oberfläche der Ampulle.

Die bekannten Auslaugerscheinungen bei alten Kirchenfenstern usw. sind darauf zurückzuführen, dass sich bei Temperaturen um den Taupunkt herum grössere Wassermengen auf dem Glas niederschlagen. Dieses Wasser nimmt Atmosphärengase wie z.B. Schwefeldioxid oder Stickoxide auf; die entstehende aggressive Lösung bewirkt eine allmähliche Desintegration des Glases. Bei 20 Grad Celsius und 50 - 70 Prozent relativer Luftfeuchtigkeit hat man nur mit wenigen Moleküllagen Wasser auf Glasoberflächen zu rechnen, die keine nennenswerten Schäden hervorrufen können.

4.3.3 Glasphysik

Adsorption

Bei Adsorption von Gasen auf festen Oberflächen unterscheidet man Chemisorption und Physisorption. Erstere tritt dann auf, wenn die Bindungsenergien zwischen Gas und Festkörperoberfläche so gross sind, dass von einer chemischen Bindung gesprochen werden kann. Die chemische Struktur der beiden Reaktionspartner ändert sich so, dass sie in ihrer Einheit eine neue Substanz mit neuen Eigenschaften bilden. Bei der Physisorption sind die Bindungsenergien hingegen so klein, dass Adsorbent und Adsorbens im wesentlichen als individuelle Stoffe mit ihren Eigenschaften erhalten bleiben.

Bei Hauschkas Wägeversuchen hat man es mit einer festen Glasoberfläche einerseits und mit den Luftgasen (wie Stickstoff, Sauerstoff, Kohlendioxid und Wasserdampf) andererseits zu tun, wobei gemäss der mir zugänglichen Literatur nur die Adsorption von Wasserdampf eine bedeutsame Rolle zu spielen scheint. Eine erste Moleküllage Wasser wird chemisorbiert, um Silanolgruppen zu bilden (vgl. Kapitel 4.3.2), die folgenden Lagen werden mittels Wasserstoffbrücken physisorbiert.

Nach Arbeiten von G. Sandstede [27] und E. Robens [26] werden auf Glas unter normalen Umweltbedingungen einige (3-4) monomolekulare Lagen Wasser adsorbiert, was einer Masse von einem Mikrogramm pro cm^2 Glasoberfläche entspricht.

Bei Änderung der relativen Luftfeuchte variiert sich die Masse der physisorbierten Schicht nur schwach. M. Kochsiek beobachtete im Bereich zwischen 10 und 80 Prozent eine maximale Wasseraufnahme von 0.4 Mikrogramm pro cm^2 an Luft (zitiert nach [26]).

Die Abhängigkeit der Schichtdicke als Funktion der Temperatur ist ebenfalls gering und weitgehend unabhängig von der Glassorte. Nach Koranyi [34] verdampfen zwischen 20 und 80 Grad Celsius gerade drei Prozent der adsorbierten Gasmenge in annähernd linearer Abhängigkeit von der Temperatur; bei einer Temperaturänderung um ein Grad ändert sich die Adsorbatmenge demzufolge um ein halbes Promille. Der Wasserfilm kann erst bei 500 Grad Celsius vollständig entfernt werden; auch bei 130 Grad hat sich erst 35 Prozent des adsorbierten Wassers verflüchtigt.

Die Adsorption von Wasser wird durch Verunreinigungen erheblich erhöht; besonders Fett (Fingerabdrücke!) ist in diesem Zusammenhang gesteigerte Aufmerksamkeit zu schenken.

Auf die Konsequenzen für die Durchführung der Wägeversuche wurde schon in Kapitel 4.2 näher eingegangen.

Diffusion

Wie schon erwähnt wurde, ist es bekannt, dass gewisse Gase wie z.B. Wasserstoff oder Helium durch Glas hindurchdiffundieren können. Bei der Diffusion wird das Medium, hier das Glas, in keiner Weise verändert; es handelt sich um einen rein physikalischen Vorgang, der auf thermodynamischen Gesetzmässigkeiten beruht.

Im Unterschied zu einem kristallin geordneten Festkörper oder zu einer Flüssigkeit erfolgt Diffusion in Glas durch Vordringen der Gasmoleküle auf Leerstellen im SiO_2-Netzwerk. Die Engpässe im Gitternetzwerk, die Potentialschwellen darstellen, können durch höherenergetische Moleküle überwunden werden, die nach der Boltzmannstatistik für diesen Prozess auch bei Raumtemperatur in ausreichend grossem Masse existieren. In reinem Kieselglas ist die Diffusionsrate aufgrund der relativ lockeren Struktur vergleichsweise hoch; bei normalem Glas besetzen die als Netzwerkänderer hinzugefügten Fremdstoffe (z.B. Alkalimetalle) bevorzugt die Hohlräume der Kieselstruktur, was die Diffusionsrate um einen beträchtlichen Faktor herabsetzt.

Für eine dünne Glaswand ist die Gasmenge q [cm^3], die pro Sekunde durch sie hindurchtritt, proportional zur Oberfläche A [cm^2] und zur Druckdifferenz $p_1 - p_2$ [cm Hg = cm Quecksilbersäule] rechts und links der Wand sowie umgekehrt proportional zu ihrer Dicke d [mm]; Die sich dabei ergebende und empirisch zu messende Proportionalitätskonstante P ist je nach Substanz verschieden. Wir erhalten somit nach J.M. Stevels [21] folgenden Zusammenhang:

$$q = \frac{P \cdot A \cdot t \cdot (p_1 - p_2)}{d}. \tag{4.22}$$

Anzumerken bleibt, dass die Diffusionskonstante D etwas kleiner ist als die aus experimentellen Gründen gemessene Permeabilität P, da ein Teil K des Gases im Glas verbleibt:

$$P = D \cdot K. \tag{4.23}$$

Der bei einem geschlossenen Gefäss in bezug auf seine Umgebungsatmosphäre auftretende Gasverlust oder -gewinn hängt bei höherem Innendruck von D, bei höherem Aussendruck von P ab. Für den praktischen Gebrauch kann man P und D identifizieren, da der Unterschied für Glas weniger als ein Prozent beträgt [22].

Mittels einer Überschlagsrechnung sieht man ein, dass die Diffusion für Hauschkas Experimente vernachlässigbar ist. Die dazu benötigte Permeabilitätskonstante P bei Raumtemperatur ergibt sich für Sauerstoff und Stickstoff durch Auswertung von Nortons Messdaten [21] zu maximal 10^{-17} $cm^3 mm cm^{-2}$-$s^{-1} cmHg^{-1}$ bei Verwendung von normalem technischen Glas wie z.B. Pyrexglas. Bei der Annahme einer Wanddicke von 0.5 mm, einer Messdauer von zwei Wochen, einer als konstant angenommenen Druckdifferenz von 10 cm Hg und einer Oberfläche von 200 cm^3 erhält man eine Gasmenge von $5 \cdot 10^{-8}$ cm^3, die einer Masse von $5 \cdot 10^{-5}$ Mikrogramm entspricht; dies erscheint vernachlässigbar.

Gase mit kleinerem Moleküldurchmesser wie Wasserstoff und Helium besitzen zwar eine etwas höhere Permeabilitätskonstante, aber unter normalen Umweltbedingungen auch einen sehr geringen Massenanteil an der Atmosphäre. Gase mit grösserem Moleküldurchmesser wie Kohlendioxid besitzen noch grössere Diffusionskonstanten. Man kann also sicher sein, dass die Diffusion bei Hauschkas Experimenten keine Rolle spielt.

4.4 Sonstige Einflüsse

Bakterien

Aus der Diskussion um die Auswirkungen des sauren Regens ist die schon erwähnte Dissoziation von Glasfenstern an alten Gebäuden allgemein bekannt. Weniger bekannnt ist, dass bei diesem Auflösungsprozess auch Bakterien eine wesentliche Rolle spielen [15]. Diese sind fähig, durch Ausscheidung von Stoffwechselprodukten Glas aufzulösen. Deckgläschen, die in einer Mischung aus Schweinejauche und Gartenerde während vier Wochen gelagert wurden, erlitten einen partiellen Glasabbau von rund 0.1 Mikrometer aufgrund bakterieller Tätigkeit. F. Oberlies und G. Pohlmann haben dies anschaulich dargestellt [16].

Für Hauschkas Versuche ist dieser Effekt aber ohne Bedeutung, da die betreffenden Bakterien einen Durchmesser von ca. einem Mikrometer besitzen. In einer Wasserschicht von fünf Moleküllagen können sie nicht existieren, da sie zur Aufrechterhaltung ihrer Lebensfunktionen von Wasser umschlossen sein müssen[5].

Staub

Durch Ablagerung von Staub oder Schmutz auf der Glasoberfläche könnte eine mögliche Gewichtsdifferenz vorgetäuscht werden. Dies muss durch entsprechende Vorkehrungen verhindert werden; die Ampullen müssen staubgeschützt aufbewahrt werden. Ein unvermeidbarer minimaler Staubniederschlag während des Wägeprozesses muss in einem normalen Labor in Kauf genommen werden, lässt sich aber durch die Technik der Relativwägung eliminieren. Bei extremen Ansprüchen an Sauberkeit können die Ampullen auch täglich gereinigt werden, z.B. in einem Acetonbad.

---

[5]Auf Kirchenfenstern können sie nur deshalb leben, da diese durch Säureangriff vorgeschädigt sind und Vertiefungen aufweisen. In diesen setzen sich Algen, Flechten und Pilze fest, welche die für die Existenz von Bakterien nötige Feuchtigkeit speichern.

Interne Druckvariationen

Durch Wachstumsvorgänge sowie Abbau- und Gärungsprozesse kann sich der Innendruck von Glasampullen, welche Pflanzen oder anderes biologisches Material enthalten, in grösserem Masse ändern. Ein erhöhter Innendruck bringt mit sich, dass sich das Ampullenvolumen vergrössert, der Auftrieb zunimmt und sich das Gewicht scheinbar verringert. Je nach Kompressibilität der verwendeten Glasampullen ist dieser Effekt von grösserer Bedeutung.

Die Volumenänderung ΔV eines Körpers durch eine Druckvariation Δp wurde schon in Kap. 4.2.3 behandelt. Die scheinbare Massenänderung Δm_s durch den Auftrieb lässt sich durch Multiplikation von ΔV mit der Luftdichte ρ_l berechnen (Glg. 4.6 und 4.14):

$$\Delta m_s = \rho_l \cdot \Delta V = \rho_l \cdot \frac{\Delta p \cdot V}{K}. \tag{4.24}$$

Der Kompressionsmodul K von maschinell hergestellten Glasampullen eines Volumens V von 25 cm^3 liegt bei $5.6 \cdot 10^8$ Nm^{-2} [33]. Bei einer Druckzunahme von 0.2 bar, was etwa einem Fünftel des Atmosphärendrucks entspricht, ergibt sich eine Gewichtsabnahme von 1.1 Mikrogramm. Mit grösseren Ampullen ($V = 100$ cm^3) ergibt sich eine scheinbare Massenvariation von 4.3 Mikrogramm, was ebenso unter der aktuell erreichbaren Messgenauigkeit liegt.

Bei dünnen Glaswänden kann die Kompressibilität auch grössere Werte annehmen. Bei einer Zunahme um einen Faktor zehn liegt der scheinbare Gewichtsverlust bei 100 cm^3-Ampullen und 0.2 bar Überdruck schon bei 43 Mikrogramm, bei einer halben Atmosphäre Überdruck bei rund 100 Mikrogramm. Diese Massenvariation liegt genau in der Grössenordnung des Hauschka-Effekts. Es ist deshalb unabdingbar, den Kompressionsmodul der verwendeten Ampullen zu bestimmen (vgl. Kap. 5.2.4).

4.5 Zusammenfassung

Im Folgenden wird versucht, einen Überblick über sämtliche möglichen Nebeneffekte zu geben, die für Relativwägungen von Glasampullen relevant sind. Der Gesichtspunkt, d.h. die Begriffe, nach welchen die einzelnen Effekte unterschieden und zusammengefasst werden, differiert von dem, der bis anhin in diesem Kapitel eingenommen wurde.

Nebeneffekte aufgrund des Mediums

Zuerst sollen die Phänomene betrachtet werden, die darin urständen, dass sich die zu wägenden Ampullen in einem gasförmigen Medium, der Luft, befinden.

Diese Tatsache hat zwei Folgen: eine *Auftriebskraft* F_A und einen *Wasserniederschlag* W auf jeder Oberfläche O. Die erstere vermindert, die zweite erhöht das Gewicht F_G eines Körpers in Luft. Der physikalische Zustand der Luft wird durch drei Parameter erfasst: Druck p, Temperatur T und Feuchtigkeit F. Die Dichte ρ_l der Luft ist durch p, T und F vollständig bestimmt. Solange sich diese Zustandsgrössen nicht ändern, bleiben F_A und W konstant und sind daher bei Relativwägungen bedeutungslos.

Erst wenn sich F_A und W *ändern*, kann dies Wägeresultate verfälschen. Der Wasserniederschlag W ändert sich aufgrund von Variationen in T und F. Der Auftrieb F_A ändert sich durch Variation von V oder ρ_l, welche selbst von T, p und F abhängig sind. Die Änderung Δ kann *zwischen* Wägungen (Δ_z) und *während* Wägungen (Δ_w) geschehen. In Abbildung 4.1 sind diese Zusammenhänge schematisch dargestellt. Die zusätzlich wirkenden Kräfte F_A und W

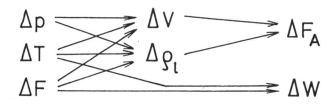

Abbildung 4.1: Überblick über die Mediumsnebeneffekte

betreffen sowohl Wägegut wie auch Waage und Gegengewicht:

1. Die Auswirkungen auf Waage und Gegengewicht lassen sich für Änderungen zwischen Wägungen (Δ_z) durch Kalibrierung und Tarierung sowie für Änderungen während Wägungen (Δ_w) durch zeitliche Rückextrapolation der Wägewerte auf den Kalibrierungszeitpunkt eliminieren. Die tägliche Kalibration ist unabdingbar; die Rückextrapolation ist nur bei auffälligen Driften vonnöten.

2. Die Auswirkungen auf das Wägegut sind nur dann von Bedeutung, wenn sich Volumen V und Oberfläche O der in der Relativwägung verglichenen Gegenstände um $\delta V \neq 0$ und $\delta O \neq 0$ unterscheidet[6].

Die im zweiten Fall auftretenden Fehlermöglichkeiten sind für Parametervariationen zwischen und während Wägungen (Δ_z bzw. Δ_w) in der Tabelle 4.1

---

[6]ΔV ist eine zeitliche Volumenänderung eines Körpers relativ zu sich selbst; δV ist der Volumenunterschied zweier verschiedener Körper.

aufgelistet. Zum Vergleich: die Genauigkeit einer guten Semimikrowaage liegt bei 10 Mikrogramm (μg); die Grösse des Hauschka-Effekts liegt zwischen 50 und 1000 Mikrogramm. Sämtliche Mediumsnebeneffekte sind entweder korrigierbar oder bedeutungslos. Die in Tabelle 4.1 erwähnten Korrekturmöglichkeiten beziehen sich auf elektromagnetische Komparatorwaagen und modifizieren sich bei anderen Waagentypen gemäss Kapitel 4.2. Die angegeben Fehlerabschätzungen beruhen auf folgenden Annahmen:

$\Delta_z p = 20$ mbar $\qquad \Delta_w p = 1$ mbar $\qquad \delta V = 5$ cm^3
$\Delta_z T = 6\,°$C $\qquad \Delta_w T = 0.3\,°$C $\qquad \delta O = 3$ cm^2
$\Delta_z F = 20\,\%$ $\qquad \Delta_w F = 1\,\%$ $\qquad \rho_l = 1.2 \cdot 10^{-3}$ g/cm^3
Volumenausdehnungskoeffizient $\gamma = 1.5 \cdot 10^{-5}$ K^{-1}
Kompressionsmodul $K = 5.6 \cdot 10^8$ Nm^{-2} (auch für $K = 5.6 \cdot 10^6$ Nm^{-2} ergeben sich keine Probleme)

Änderung	Effekt	Kapitel	Δm [μg]	Korrektur
$\Delta_z p$	$\Delta V, \Delta F_A$	4.2.3	0.02	nicht nötig
	$\Delta \rho_l, \Delta F_A$	4.2.1	120	Glg. 4.10
$\Delta_w p$	Eichung	5.2.3	30	individuell
	$\Delta V, \Delta F_A$	4.2.3	0.001	nicht nötig
	$\Delta \rho_l, \Delta F_A$	4.2.3	6	Extrapol. Kalibr.
$\Delta_z T$	$\Delta V, \Delta F_A$	4.2.3	0.5	nicht nötig
	$\Delta \rho_l, \Delta F_A$	4.2.1	120	Glg. 4.10
	ΔW	4.2.3	0.01	nicht nötig
$\Delta_w T$	$\Delta V, \Delta F_A$	4.2.3	0.03	nicht nötig
	$\Delta \rho_l, \Delta F_A$	4.2.3	6	Extrapol. Kalibr.
	ΔW	4.2.3	0.0005	nicht nötig
$\Delta_z F$	$\Delta V, \Delta F_A$	4.2.3	0.0004	nicht nötig
	$\Delta \rho_l, \Delta F_A$	4.2.1	5	Glg. 4.10
	ΔW	4.2.3	0.3	nicht nötig
$\Delta_w F$	$\Delta V, \Delta F_A$	4.2.3	0.00002	nicht nötig
	$\Delta \rho_l, \Delta F_A$	4.2.3	0.25	nicht nötig
	ΔW	4.2.3	0.02	nicht nötig

Tabelle 4.1: Abschätzung der Mediumsnebeneffekte

Andere Nebeneffekte

Die Nebeneffekte, die nicht auf eine Änderung des umgebenden Mediums zurückzuführen sind, sind in der Tabelle 4.2 verzeichnet. Die Fehlerabschätzungen beziehen sich auf die Angaben in den entsprechenden Abschnitten des Kapitels 4.1 - 4.4. Die nicht im nachhinein korrigierbaren Nebeneffekte lassen sich im allgemeinen an ihrer speziellen Gestalt problemlos erkennen; dadurch verfälschte Daten müssen verworfen werden. Besondere Aufmerksamkeit muss auf die Kompressibilität und auf die Temperaturgleichheit der Glasgefässe gerichtet werden. Alle angeführten Nebeneffekte lassen sich aber durch geeignete Massnahmen von vornherein vermeiden.

Effekt	Kapitel	Δm [μg]	Korrektur
Schwerpunktshöhe	4.2.2	0.03	nicht nötig
Eichungsfehler	4.2.2	sehr klein	individuell
Elektronikfehler	4.2.2	?	individuell
El.dyn. Felder	4.2.1	?	individuell
Pflanzl. el. Felder	4.2.1	?	individuell
Elektrostatik	4.2.1	$0 - 10^6$	nur präventiv
Mech. Erschütterung	4.2.1	$0 - 10^6$	nur präventiv
Luftturbulenzen	4.2.3	$0 - 10^6$	nur präventiv
Gasdiffusion	4.3.3	0.00005	nicht nötig
Chem. Auflösung	4.3.2	–	erst nach Monaten
Bakterien	4.4		putzen
Schmutz	4.4		präventiv bzw. putzen
Löcher: Wasserverlust	4.3.1	$0 - 1000$	schwierig
Raketenantrieb	4.3.1	0.1	nicht nötig
ΔF_A wegen ΔV durch...	4.2.3	9 / 2	nicht nötig
ΔW durch...	4.2.3	0.25 / 0.05	nicht nötig
Konvektion durch...	4.2.3	500	individuell
ΔT (5 °C) durch Albedo/Stoffwechsel			
ΔF_A wegen ΔV durch interne Δp	4.4	$1 - 100$	nicht nötig bzw. teilweise

Tabelle 4.2: Andere Nebeneffekte

Fazit

Zusammenfassend kann festgehalten werden, dass alle hier erwähnten Nebeneffekte entweder korrigierbar, vernachlässigbar, vermeidbar oder entdeckbar sind. Rudolf Hauschkas Idee, keimende Pflanzen in Glasgefässen zu wägen, steht somit keiner der betrachteten physikalischen Nebeneffekte als prinzipielles Hindernis entgegen.

4.6 Kritik von Hauschkas Vorgehen

Die im letzten Kapitel betrachteten physikalischen Vorgänge haben sich als irrelevant oder korrekturfähig in bezug auf R. Hauschkas prinzipielle Experimentalanordnung ergeben. Jede Kritik an Rudolf Hauschkas Wägeexperimenten, sofern sie nicht noch andere Nebeneffekte findet, beschränkt sich daher auf die Prüfung, ob alle nötigen Korrekturen richtig ausgeführt wurden und ob ein Bewusstsein der vermeidbaren und entdeckbaren Fehler bestand.

Rudolf Hauschka war sich über die Notwendigkeit von Auftriebskorrekturen bei Volumenunterschieden im klaren; dies belegen Notizen und Briefe aus seinem Nachlass, wo sich Überschlagsrechnungen zu dieser Thematik finden. In den Messprotokollen brachte R. Hauschka entsprechende Korrekturen an, wenn es sich als nötig erwies. Der Auftrieb des Reiters ist bei seinem Waagentypus für Relativwägungen vernachlässigbar.

Bei den Nachkriegsversuchen, wo zugeschmolzene *Ampullen* verwendet wurden, lassen sich meines Wissens keine Fehlerquellen oder Probleme finden, welche Hauschkas Resultate entwerten könnten. Auf den Wasserhaut-Effekt wurde schon hingewiesen (vgl. Kap. 2.2.2); undichte Ampullen wurden als solche erkannt und eliminiert. Die Kompressibilität der von ihm verwendeten Ampullen liegt mit $5.6 \cdot 10^8$ Nm^{-2} [33] unterhalb eines kritischen Wertes (vgl. Kap. 4.4). Konvektionskräfte aufgrund von Temperaturunterschieden zwischen Kresse- und Kontrollglas lassen sich nicht von vornherein völlig ausschliessen. Bei eigenen Messungen war die betreffende Temperaturdifferenz jedoch kleiner als 0.1 °C; eine darauf abgestützte Fehlerabschätzung unter Zuhilfenahme von M. Gläsers Resultaten [30] ergibt einen maximalen Fehler von etwa fünf bis zehn Mikrogramm. Konvektion als Fehlerquelle ist deshalb meiner Ansicht nach unwahrscheinlich.

Bei den Versuchsreihen mit *Wägegläsern* lassen sich jedoch Unsicherheitsfaktoren finden, welche die wissenschaftliche Relevanz seiner Vorkriegsexperimente in Frage stellen.

Meiner Ansicht nach lassen sich Wägegläser, auch wenn deren Deckel mit Siliconfett eingepresst wird, nicht mit gutem Gewissen als luftdicht bezeichnen. In diesem Fett könnten Luftblasen vorhanden sein, welche Diffusionsbrücken zur Aussenwelt darstellen. Die relative Konstanz der Kontrollgefässe, welche teilweise mit Wasser gefüllt waren, deutet zwar auf Umweltabgeschlossenheit hin, entkräftet aber nicht obige prinzipielle Zweifel.

Die Kontrollgläser wurden bis zu einem halben Jahr unverändert gebraucht; das sich an der Grenzfläche Deckel/Wägeglas/Luft befindende Fett könnte sich im Laufe der Zeit in bezug auf seine physikalischen Eigenschaften verändern. Damit wäre es möglich, dass das für den Abschluss von Kressegläsern jeweils frisch applizierte Dichtungsfett andere Wasseradsorptionseigenschaften als altes Fett besässe, was eine Gewichtsvariation vortäuschen könnte. Auch unterschiedliche Fettmengen an der Glasoberfläche wären in der Lage, differentiell Wasser zu adsorbieren.

Ein weiteres Problem ergibt sich als Folge eines eventuellen Unterschiedes von Innen- und Aussendruck eines Wägeglases. Eine minimale Verschiebung des Deckels aufgrund der Druckdifferenz veränderte das Volumen und damit den Auftrieb, was eine scheinbare Massenänderung vortäuschen könnte. Die Viskosität des Fetts könnte solche Verschiebungen durchaus zulassen; die Gläser wurden jeweils auch dadurch geöffnet, dass im Innern durch Erwärmung ein Überdruck erzeugt wurde, wodurch sich der Deckel löste. Bei einen Wägeglas von 5.0 cm Durchmesser und 6.1 cm Höhe reicht eine Deckelverschiebung von *nur 0.13 mm* aus, um einen Effekt von 0.3 mg vorzutäuschen. Für eine Gewichtszunahme müsste der Deckel allerdings in das Glas hineingezogen werden.

Auch wenn Hauschkas Resultate durch diese drei Problempunkte kaum restlos wegerklärt werden können, stellen sie meiner Ansicht nach zu viele Unsicherheitsfaktoren dar, als dass man den signifikanten Teil der Vorkriegsexperimente als völlig gesichert akzeptieren könnte.

Die Versuche der Jahre 1952-54 hingegen halten einer kritischen Prüfung stand.

Ich möchte an dieser Stelle noch auf die im Kapitel 3.2 geäusserten Vermutungen über Fehler in R. Hauschkas experimentellem Vorgehen eingehen:

1.) Bei unvollständig verschlossenen Gläsern nimmt das Gewicht monoton ab. Aus R. Hauschkas Protokollheften (vgl. Kap. 2.2.2) geht hervor, dass er mit diesem Phänomen vertraut war; defekte Ampullen wurden ausgeschieden.

2.) Es gibt keinerlei Hinweise darauf, dass R. Hauschka die Wägegläser je mit Siegellack verschlossen hat (vgl. Kap. 2.2.1).

3.) Äussere Temperaturschwankungen haben R. Hauschkas Wägeresultate nicht in signifikantem Masse beeinflusst (vgl. Kap. 2.2.2).

Kritik anderer Untersuchungen

Eine detaillierte Betrachtung von Versuchen anderer Wissenschaftler ist mir aufgrund fehlender Informationsquellen verwehrt. In den zwei einzigen öffentlich zugänglichen Publikationen von E. Rinck und E. Spessard lassen sich keine technischen Fehler finden.

Die von E. Spessard beobachtete Gewichtszunahme von mit Kaliumhydroxidlauge gefüllten Ampullen, welche drei Monate nach dem Zuschmelzen beginnt und danach linear verläuft, erscheint zuerst merkwürdig. E. Spessard verwendete offenbar nicht besonders laugeresistentes Glas. Bei Eindiffusion von Kohlendioxid aufgrund angegriffener Glaswände erwartet man zudem keine konstante, sondern eine hyperbelartig ansteigende Gewichtszunahme, da die Glaswand im Laufe der Zeit immer dünner wird. Es bleibt nur der Schluss übrig, dass der Auflösungsprozess des Glases nach dem Einsetzen der CO_2-Diffusion stoppt, was man sich eventuell dadurch erklären kann, dass die an der Glaswand befindliche Lauge durch das Kohlendioxid neutralisiert wird und eine Art Schutzschicht gegen den weiteren Glasabbau bildet.

Kapitel 5

Eigene Untersuchungen

5.1 Vorgehen

5.1.1 Einleitendes

Im Jahre 1984 wurde durch die Lektüre von R. Hauschkas ‚Substanzlehre' meine Aufmerksamkeit zum ersten Mal auf die dort dargestellten Wägeversuche gelenkt. In naiver Begeisterung entstand der Entschluss, R. Hauschkas Ergebnisse in demselben Jahre nachzuprüfen. Noch während der Schulzeit wurden die ersten Replikationsversuche an die Hand genommen, allerdings auf dilettantische Art und Weise. Es stellte sich schnell heraus, dass mit Korkzapfen verschlossene Reagenzgläser nicht dicht sind und eine Milligramm-Waage für den angestrebten Zweck zu ungenau ist.

Nach einigen Studiensemestern der Physik und Mathematik wurde ein neuer Anlauf unternommen, R. Hauschkas Behauptungen zu verifizieren. 1986 und 1987 konnten vier Versuchsreihen am Biozentrum der Universität Basel durchgeführt werden. Die erste Serie schien ein voller Erfolg zu sein; alle anderen schlugen aufgrund technischer Probleme fehl.

Motiviert durch die beobachteten Anfangserfolge, wurde 1988 eine hochgenaue Semimikrowaage zu günstigen Konditionen gemietet. Mit dieser wurden während des Studiums einige weitere Untersuchungen und Experimente durchgeführt. Die Ergebnisse liessen aber keine eindeutigen Schlussfolgerungen zu. Es entstand der Wunsch, nach Abschluss des Studiums die gesamte Problematik ausführlicher und von Grund auf neu zu bearbeiten.

Dank des Angebots von G. Unger, während eines Jahres an der Mathematisch-Astronomischen Sektion am Goetheanum mit selbstgesteckten Zielen zu arbeiten, konnte diese Intention verwirklicht werden. Neben anderen Aktivitäten entstand somit zwischen Herbst 1990 und 1991 der vorliegende Bericht über Rudolf Hauschkas Wägeversuche.

Dank der Unterstützung durch P. Kizler und M. Bogdahn war es auch möglich, weitere konkrete Experimente durchzuführen, die zur Klärung der Frage nach der Existenz des von R. Hauschka behaupteten Effekts herangezogen werden konnten. Im nächsten Abschnitt soll die methodische Vorgehensweise bei diesen neuen Experimenten genau beschrieben werden.

Es sei festgehalten, dass die vorliegenden Untersuchungen rein präliminarischen Charakter aufweisen. Aufgrund der beschränkten Mittel wurden die eigenen Experimente unter minimalstem finanziellen Aufwand durchgeführt. Es kann sich also nicht um eine erschöpfende Erforschung des von R. Hauschka angerissenen Themenkreises handeln; solches muss ausgedehnten Untersuchungen an grösseren Forschungsinstituten vorbehalten bleiben. Die vorliegenden Darstellungen sollen als Vorarbeiten im Hinblick auf die Frage verstanden werden, ob ausführlichere Untersuchungen sinnvoll erscheinen könnten.

5.1.2 Ziel und Methodik

Die Leitidee des experimentellen Teils der vorliegenden Untersuchung wurde in Kap. 1 formuliert:

> Existiert der von Rudolf Hauschka behauptete Effekt?

Diese Fragestellung muss präzisiert werden. Denn es könnte sein, dass es sich um einen an die Persönlichkeit des Forschers gebundenen Effekt handelt. Damit wäre der Effekt zwar für R. Hauschka, aber nicht ohne weiteres für andere Menschen existent[1]. Genauer betrachtet soll also gefragt werden:

> Kann der von R. Hauschka behauptete Effekt auch von anderen Menschen nachgewiesen werden?

Bei R. Hauschkas Wägeversuchen liegt die Schwierigkeit vor, dass ihnen nicht ohne weiteres das Prädikat der problemlosen Reproduzierbarkeit zukommt. Schon bei R. Hauschka selbst veränderte sich das Pflanzengewicht nur zeitweise; andere Wissenschaftler beobachteten dasselbe oder gar keine Gewichtsvariationen (vgl. Kap. 2 und 3). Dieses Phänomen der Nichtreproduzierbarkeit wurzelt entweder in noch nicht erkannten und kontrollierten Parametern oder liegt im System selbst begründet. Die an zweiter Stelle angesprochenen systemimmanenten Schwierigkeiten mit der Wiederholbarkeit treten bei Vorgängen auf, die nicht mehr dem Bereich der Anorganik angehören, sondern der Organik und anderen Gebieten (vgl. Kap. 6.2.3).

---

[1] Die Anwendung der Begriffe ‚objektiv' oder ‚subjektiv' ist hier nicht geboten, da *jeder* Naturvorgang, auch wenn er an eine Person gebunden ist, einen objektiven, d.h. gegebenen *Inhalt* aufweist. Subjektiv, d.h. rein zum Subjekt gehörig ist einzig seine Erscheinungs*form* als Empfindung, Erfahrung, Begriff oder Vorstellung im Menschen (vgl. Kap. 6.2.3).

Um diesen Hauptfragen nach der Existenz und der Reproduzierbarkeit des Phänomens gerecht werden zu können, wurde das im Folgenden dargestellte methodische Vorgehen verfolgt.

In einer ersten experimentellen Phase wurde untersucht, ob das Phänomen bei möglichst genauer Replikation der Versuchsbedingungen von R. Hauschka auftritt oder nicht. Die so erzielten Ergebnisse erlauben unter Umständen einen Schluss auf die Reproduzierbarkeit und die Personengebundenheit des Effekts.

Erst in einer zweiten Phase kann damit begonnen werden, Umgebungsparameter zu ändern, um Aufschluss über die Erscheinungsbedingungen des Phänomens zu erhalten. Diese Parametervariation muss langsam und bewusst erfolgen, um eventuelle Änderungen im Auftreten des Effekts klar festhalten und bestimmen zu können. So erscheint es nicht sinnvoll, die Samenmenge, die Samenart, die Wassermenge, das Wachstumssubstrat und die Lichtbedingungen gleichzeitig zu verändern, um ein etwas drastisches Beispiel heranzuziehen.

Eine genaue Wiederholung der Versuche Rudolf Hauschkas ist natürlich unmöglich. Zeit, Ort und allgemeine Umgebungsbedingungen haben sich völlig verändert; trotzdem kann man versuchen, sich seiner ursprünglichen Methodik möglichst nah anzugleichen. Folgende Parameter wurden zuerst exakt imitiert:

- Saatgut: Kresse hoher Qualität

- Keimung in zugeschmolzenen Glasampullen

- kein Wachstumssubstrat, nur destilliertes Wasser als einzige Zugabe

- tägliche Gewichtsmessung

Einige Umgebungsbedingungen wurden geändert:

- Zur Gewichtsmessung wurde eine elektromagnetische Kompensationswaage herangezogen; Balkenwaagen entsprechender Genauigkeit sind im Handel heute nicht mehr zu erschwinglichen Preisen erhältlich.

- Ampullen mit Kresse und Wasser wurden nicht gegen leere oder wassergefüllte, sondern gegen mit Salz und Wasser beschickte Ampullen gewogen. Damit wird das Gewicht keimender Samen eindeutig mit einer äquivalenten Menge anorganischer Substanz verglichen.

- Im Wägeraum befand sich kein radioaktives Präparat, da elektrostatische Ladungen auf andere Weise entfernt wurden.

In der zweiten Messphase wurden folgende Parameter teilweise verändert:

- Als Wachstumssubstrat wurde Blumenerde oder Agar-Agar eingeführt.

- Samen verschiedener Herkunft wurden untersucht.
- Die Ampullen wurden täglich einer Reinigung mit Aceton unterzogen.
- Die Kressepflanzen wurden elektromagnetischen Wechselfeldern ausgesetzt.

Aufgrund der beschränkten raumzeitlichen und personellen Mittel konnten nur wenige Umgebungsbedingungen verändert werden. Den zu schildernden Resultaten kommt deshalb in bezug auf einzelne Parametervariationen kein Beweischarakter zu; sie können diesbezüglich nur Hinweise auf zukünftige Forschungsfelder geben.

Ein weiterer wichtiger Punkt des experimentellen Designs besteht darin, Samenmenge, Glasampullengrösse und Waagentyp aufeinander abzustimmen. Bei diesem Optimierungsproblem spielten bei der vorliegenden Untersuchung folgende Faktoren eine wichtigere Rolle:

1. Beschränkte Geldmittel: die Waage und die Glasampullen dürfen nicht zu teuer sein.

2. Praktikabilität: die Glasampullen dürfen nicht zu unhandlich sein, um einen reibungslosen Messvorgang garantieren zu können. Ihr Absolutgewicht sollte sich deshalb auf weniger als ein Kilo belaufen.

3. Samenmenge: hier existiert eine natürliche untere Schranke, nämlich ein einziges Samenkorn.

4. Hohe relative Genauigkeit der Waage: diese ist nicht unabhängig von der gewogenen Absolutmasse, sondern besitzt aufgrund rein technischer Gegebenheiten ein Maximum zwischen 10 und 1000 Gramm.

Konkretes Vorgehen

Der Entscheid fiel schliesslich auf eine Semimikrowaage der Firma Sartorius, Modell R 160 P. Es handelt sich dabei um eine elektromagnetische Kompensationswaage mit einer Ablesbarkeit von 10 Mikrogramm (μg) in einem Bereich von 30 Gramm, der mittels Tarierung über den gesamten Wägebereich von maximal 162 Gramm verschoben werden kann. Der Herstellerprospekt verspricht eine Reproduzierbarkeit von etwa 20 μg. Die Waage besitzt eine vollautomatische Kalibriereinrichtung, welche auch mit belasteter Waagschale betätigt werden kann. Demzufolge lassen sich Relativwägungen nach dem im Kapitel 4.1.3 besprochenen Wägemodus bei hoher Genauigkeit durchführen.

Eine solche Waage wurde in einer ehemaligen chemischen Kapelle staubgeschützt aufgestellt. Der Wägetisch war fest in die Wand eingemauert; die

Stabilität gegenüber Erschütterungen hervorragend. Dank Abschirmung direkter Sonnenlichteinwirkung waren die Temperaturdriften trotz Südostlage und grossem Fenster sehr klein. Im Wägeraum befanden sich ein Thermometer (Messbereich $M = 0-50$ °C, Ablesegenauigkeit $u = 0.1$ °C), ein Hygrometer ($M = 10 - 100$ % r.F., $u = 1$% r.f.) und ein Barometer ($M = 960 - 1070$ mbar, $u = 0.1$ mbar), um die für die Berechnung der Luftdichte benötigten Daten aufzeichnen zu können.

Als Glaskolben kamen keine maschinengefertigten 25 cm^3-Ampullen zum Einsatz, sondern handgeblasene Spezialanfertigungen eines Volumens von ca. 120 cm^3 (vgl. Abb. 5.1). In solchen Gefässen kann eine grössere Samenmenge zur Keimung gebracht und gleichzeitig die Belastbarkeit der Waage besser ausgeschöpft werden. Mit einem Maximalgewicht von 40 Gramm bestand keinerlei Gefahr, die Waage zu überlasten. Die Glasampullen besitzen am Hals eine Abschmelzstelle sowie eine nachfolgende Verdickung, um die Gläser mittels einer Hartgummipinzette sicher greifen und transportieren zu können.

Die zur Herstellung verwendete Glassorte war Duran 50 der Firma Schott. Sie weist folgende Zusammensetzung auf: 79,7 % SiO_2, 10.3 % B_2O_3, 3.1 % Al_2O_3, 5.2 % Na_2O, 0.8 % CaO und 0.9 % MgO. Die hydrolytische Klasse nach DIN 12111 ist 1, die Säureklasse nach DIN 12116 ebenfalls 1 und die Laugenklasse nach DIN 53322 ist 2 (vgl. Kap. 4.3.2).

Um Saatgut hoher Qualität verwenden zu können, wurden Gartenkressesamen verschiedener Herkunft bezüglich ihrer Keimfähigkeit verglichen. Die untersuchte Kresse stammte aus dem normalen Samenhandel (drei Sorten), aus biologisch-dynamischen Züchtungsinitiativen (vier Sorten verschiedenen Alters) und aus Reformhäusern (drei Sorten verschiedenen Alters). Je 30 auf Bruch selektionierte Samen wurden mit 0.5 ml destilliertem Wasser in ‚minigrip'-Plastikbeutel gefüllt und verschlossen; es fanden bis zu drei Parallelexperimente statt.

Abbildung 5.1: Die Ampullen der eigenen Experimente

Diese Säckchen wurden an verschiedenen Orten, lichtexponiert und lichtgeschützt, im Labor verteilt. Nach vier Tagen wurden die verschiedenen Kressesorten in bezug auf die Eigenschaften Grösse, Kräftigkeit und Keimrate verglichen. Die Auswertung fand blind statt, da die Plastikbeutel zu Beginn kodiert gekennzeichnet wurden. Die lichtexponierten Keimlinge erwiesen sich am keimfreudigsten; alle Wägeexperimente wurden deshalb mit lichtgekeimter Kresse durchgeführt. In bezug auf die Keimrate und Kräftigkeit am vierten Tag nach der Aussaat schnitten die Samen des Initiativkreises für Gemüsesaatgut aus biologisch-dynamischem Anbau, D-6363 Eckzell, eindeutig am besten ab; auf dem zweiten Rang folgten Samen der Marke „bio-snacky", die in Reformhäusern verkauft werden. Diese stammen nach Auskunft der Vertriebsfirma Biorex AG, CH-9642 Ebnat-Kappel, nicht aus kontrolliert biologischem Anbau. In den Wägeversuchen fanden bis auf eine Ausnahme die angesprochenen biologisch-dynamischen Samen Verwendung.

In der zur Verfügung stehenden Zeit konnten acht Messreihen durchgeführt werden, wobei jede einzelne drei bis vier Wochen in Anspruch nahm. In einer Messreihe wurden jeweils drei bis acht Glasampullen verschiedenen Inhalts gegen eine mit Salz und Wasser gefüllte Kontroll-Tara-Ampulle gewogen. Konkret bedeutet dies, dass auf die Kontrollampulle täglich neu tariert und kalibriert wurde und anschliessend das Relativgewicht der anderen Glasgefässe zu diesem Referenzgewichtsglas gemessen wurde. Unter den gemessenen Glasampullen befanden sich jeweils zur Hälfte Kontrollen, d.h. mit Salz und Wasser gefüllte Gläser, und zur anderen Hälfte die eigentlichen Experimente, die mit Kresse gefüllten Ampullen.

Ausführliche Vorabklärungen erforderte der Wägemodus, d.h. der konkrete Ablauf einer Wägung. Wenn der Gewichtswert einer Glasampulle nur durch eine einzige Wägung bestimmt wird, besitzt man keinerlei verlässliche Informationen über die Genauigkeit dieser Messung. Aus diesem Grund müssen jeweils mehrere Gewichtsbestimmungen hintereinander durchgeführt werden. Damit sich eventuelle Driften aber auf alle gewogenen Gegenstände gleich auswirken, dürfen die Wiederholungswägungen ein- und desselben Glases nicht direkt hintereinander, sondern müssen alternierend mit allen anderen Gläsern erfolgen. Um Driften oder Fehler in der Tarierung erkennen zu können, muss auch das Gewicht des Eichgefässes öfters überprüft werden.

Konkret bedeutet dies, dass nach der Eichung mit Hilfe des Kontrollglases die festzustellenden Gewichtswerte aller anderen Gläser je einzeln bestimmt werden. Nach Überprüfung der Tarierung erfolgt wieder ein Durchlauf aller anderen Glasampullen. Dieser Vorgang wird fünf bis sieben Mal wiederholt. Damit besitzt man etwa sechs Einzelmesswerte für jede Ampulle; aus diesen kann ein Durchschnittsgewichtswert mit Standardabweichung errechnet werden.

Eine weitere Frage stellt sich in bezug auf den Zeitpunkt der Gewichtsablesung, da sich auch nach Ende der Einschwingphase, etwa 15 Sekunden nach Belastung der Waage, die Gewichtsanzeige leicht ändert. In mehreren ausführlichen Messreihen ergab sich in einer Messzeit von 50 Sekunden pro Einzelwägung der optimale Kompromiss zwischen Einschwingphase, Langzeitdrift, sinnvollem Zeitaufwand und guter Reproduzierbarkeit. Jede Ampulle verbleibt demzufolge 50 Sekunden auf der Waagschale, bevor ihr Gewichtswert zu Protokoll genommen wird. Zehn Sekunden nach Entfernung der alten Ampulle folgt die nächste, so dass sich insgesamt ein gut kontrollierbarer Minutenrhythmus ergibt. Bei acht Gläsern, einer Taraampulle und je sieben Wiederholungen erstreckt sich eine Gesamtmessung über etwa 60 Minuten. Im Laufe einer ganzen Messreihe, die sich über drei bis vier Wochen erstreckt, wird das Gewicht in der Regel anfangs täglich und gegen Ende der Messperiode alle zwei Tage nach der oben dargestellten Methode gemessen.

Die Versuche wurden nicht blind ausgeführt, weil dazu der Ampulleninhalt optisch abgeschirmt werden müsste. Dies verunmöglichte jedoch eine Lichtkeimung der Kresse, welche in den Experimenten angestrebt wurde. Eine Beeinflussung der Messresultate durch semi-unterbewusste Manipulation scheint mir ausgeschlossen, da das Wägeresultat durch seine digitale Darstellung und den zeitlich fixierten Wägerhythmus eindeutig festgelegt ist. Zusätzlich wurde durch das Tragen eines Mundschutzes und von Latexhandschuhen während der Wägung eine mögliche Beeinträchtigung des Wägeresultates durch intensivere Atmung oder verstärke Schweissabsonderung ausgeschlossen.

Der Ablauf einer ganzen Messreihe lässt sich jetzt im Überblick schildern. Nach Auswahl möglichst volumengleicher Ampullen werden diese mit Alkohol, Aceton und fusselfreien Tüchern gereinigt und mit Hilfe von Flammengasen deionisiert. Nach Beschickung der Gläser mit dem zu wägenden Inhalt, z.B. mit Kressesamen und destilliertem Wasser oder mit Natriumchlorid und Wasser, werden sie mit Hilfe einer Lötpistole luftdicht zugeschmolzen und noch einmal auf elektrostatische Aufladungen kontrolliert (vgl. Kap. 4.2.1). Nach einer einstündigen Wartezeit kann die erste Messreihe in Angriff genommen werden. Diese Zeit ist erforderlich, da sich der Wasserniederschlag auf den Ampullen normalisieren muss.

Mit Salz und Wasser gefüllte Ampullen können in mehreren Messreihen Verwendung finden. Man muss hier nur zusätzlich darauf achten, dass nicht aufgrund verschiedener Vorbehandlung Gewichtsvariationen durch unterschiedliche Wasserniederschlagsmengen vorgetäuscht werden.

Während der Experimentierdauer von drei bis vier Wochen werden die Ampullen in mit fusselfreiem Papier ausgelegten Glaskästen aufbewahrt; letztere stehen ihrerseits in einem grossen Holzschrank mit Glasschiebetüren. Dieser Staubschutz erwies sich als hinreichend effektiv.

Jeweils eine Stunde vor dem Beginn einer Wägung werden die Glaskästen mit etwas geöffnetem Deckel zur ebenso geöffneten Waage gestellt, damit sich die Temperatur von Wägeraum und Ampullen angleichen kann. In Messungen zeigte sich, dass ihr Temperaturunterschied jeweils kleiner als 0.1 °C war. Auch die Temperaturdifferenz der gewogenen Ampullen untereinander war immer kleiner als 0.1 °C. Fehler durch Konvektion sind deshalb mit grösster Wahrscheinlichkeit auszuschliessen. Eine Abschätzung aufgrund von M. Gläsers Daten [30] ergibt eine maximale scheinbare Gewichtsvariation von etwa 10 bis 15 Mikrogramm.

Nach dem Abschluss der Messphase werden das Volumen und der Innendruck bestimmt, um die Auftriebskorrektur und eine eventuelle Druckexpansionskorrektur berechnen zu können. Die Methodik der Innendruckmessung wird in Kapitel 5.2.4 geschildert; hier soll auf die Volumenbestimmung näher eingegangen werden. Es standen drei Messverfahren zur Verfügung:

1.) Das Ampullenvolumen wird mittels der Wasserverdrängung in einem graduierten Glaszylinder gemessen. Durch die Bestimmung der Wasserstandshöhe vor und nach Untertauchen der Glasampullen kann über die Querschnittsfläche der Wassersäule das Volumen berechnet werden. Da der 1000 ml-Messzylinder nur eine Unterteilung von 20 ml aufweist, musste die Höhe des Wasserspiegels mit Hilfe einer Messlupe (Firma Flubacher, Ablesegenauigkeit 0.1 mm) bestimmt werden. Die dabei erreichte Volumenmessgenauigkeit beläuft sich auf etwa 0.2 cm^3.

2.) Ähnlich funktioniert die zweite Messmethode, wo das zu bestimmende Volumen in ein wassergefülltes Überlaufgefäss gesenkt und das Gewicht des verdrängten Wassers gemessen wird. Über die Wasserdichte kann das entsprechende Volumen berechnet werden. Bei dieser Methode stellt das laufend verdunstende Wasser die grösste Fehlerquelle dar; diese kann aber durch zeitproportionale Korrekturen erfasst und behoben werden.

3.) Nachdem durch die ersten Messreihen offenbar wurde, dass sich das Gewicht der mit Kresse gefüllten Ampullen nach dem Tod der Keimlinge nicht mehr ändert, wurde teilweise dazu übergegangen, die Auftriebskorrektur aus den Wägedaten selbst zu berechnen. Hierzu wurde der Auftriebsfaktor β der Gleichung 4.13 aus dem Korrekturfaktor k und der Luftdichte ρ_l bestimmt. Das detaillierte Vorgehen dieser dritten Methode ist in Kapitel 5.2.2 zu finden.

5.2 Auswertung und Darstellung

5.2.1 Statistik

Jeder Messung der klassischen Physik liegt eine real existierende physikalische Grösse zugrunde. Im Folgenden sei der Spezialfall betrachtet, dass diese physikalische Grösse während der Messung konstant ist.

Im Messprozess wird diese Grösse mehr oder weniger direkt mit ihrer Masseinheit verglichen. Während dieses Vergleichs können sich Fehler einschleichen, welche systematischer oder ‚zufälliger' Natur sind. Mögliche systematische Fehler wurden in Kap. 4 betrachtet; hier soll auf die ‚zufälligen' Abweichungen eingegangen werden. Sie weisen keine eindeutige Tendenz auf, sondern fluktuieren in Grösse und Betrag. Sie stammen meistens aus physikalischen Nebeneffekten, die entweder unbekannt oder unkontrollierbar sind, wie z.B. die Wärmebewegung. Ihre Grösse definiert die Leistungsfähigkeit, d.h. die Auflösung eines Messinstrumentes, da sie die Messgenauigkeit begrenzen.

Bei Ansprüchen an hohe Genauigkeit kann diese Schranke mit Mitteln der Wahrscheinlichkeitsrechnung quantifiziert und in gewissen Grenzen verschoben werden. Dabei macht man sich zunutze, dass die Messwerte in einer bestimmten Art und Weise um die reale physikalische Grösse streuen. Je nach Art und Weise dieser Verteilung können Wahrscheinlichkeitsaussagen über eine Schätzung der realen physikalischen Grösse gemacht werden.

Bei unendlich vielen Messungen ergäbe sich eine bestimmte Verteilung der Einzelmessungen um den Wert der realen physikalischen Grösse herum. Bei endlich vielen Messungen greift man aus dieser Verteilung einige Einzelwerte heraus und versucht mit ihrer Hilfe einen Schätzwert für die gesuchte physikalische Grösse zu gewinnen [12, Bd. 1, S. 28 ff.].

Es seien n Messungen x_i gegeben. In erster Näherung stellt der arithmetische Mittelwert $\bar{x}$, definiert durch

$$\bar{x} = \frac{1}{n}\sum_{i=1}^{n} x_i = \frac{x_1 + x_2 + \cdots + x_n}{n}, \qquad (5.1)$$

die beste Schätzung für die reale, der Messung zugrunde liegende physikalische Grösse x dar. Die Einzelmessungen x_i streuen um $\bar{x}$ herum. Ein Mass für ihre mittlere Abweichung von $\bar{x}$ ist die empirische Standardabweichung s:

$$s = \sqrt{\frac{\sum_{i=1}^{n}(\bar{x}-x_i)^2}{n-1}}. \qquad (5.2)$$

Um einen Schätzwert für den Fehler des Mittelwerts $\bar{x}$ bestimmen zu können, definiert man $s_{\bar{x}}$ als

$$s_{\bar{x}} = \frac{s}{\sqrt{n}} = \sqrt{\frac{1}{n(n-1)}\sum_{i=1}^{n}(\bar{x} - x_i)^2}. \quad (5.3)$$

Diese *Standardabweichung des Mittelwerts* stellt ein vernünftiges und bewährtes Mass für die Genauigkeit des Mittelwerts aus mehreren Messungen dar. Das Messresultat für eine physikalische Grösse x soll deshalb in der Form $\bar{x} \pm s_{\bar{x}}$ angegeben werden, wobei auch die Anzahl n der Messungen zu erwähnen ist.

Es ist zu betonen, dass die Angabe von wahrscheinlichkeitstheoretischen Vertrauensgrenzen eigentlich nur dann Sinn hat, wenn die statistische Verteilung der Messwerte x_i um $\bar{x}$ herum *bekannt* ist.

In vielen Fällen nähert eine Normalverteilung, welcher die Annahme von gleichverteilten Fehlern zugrunde liegt, die reale statistische Verteilung an. Anhand der mathematischen Eigenschaften der Normalverteilung lassen sich bei bekannter Breite σ der Verteilung Antworten auf die Frage ableiten, mit welcher Wahrscheinlichkeit W der reale physikalische Wert x innerhalb von $\bar{x} \pm b$ liegt. Für $b = \sigma$ ist $W = 68.27$ %, für $b = 2\sigma$ ist $W = 95.45$ % und für $b = 3\sigma$ ist $W = 99.73$ %. Oft ist aber weder die Breite σ der Verteilung bekannt noch ist gesichert, dass die reale statistische Verteilung überhaupt eine Gauss-Verteilung darstellt. Dann verlieren die angegeben Wahrscheinlichkeitsabschätzungen ihre Bedeutung. Bei bekannter Form können mit Hilfe von Integralberechnungen andere Vertrauensgrenzen gewonnen werden. Im Falle unbekannter Fehlerverteilung kann man mittels spezieller statistischer Prüfverfahren Vertrauensgrenzen für die Erwartungswerte berechnen [12, Bd. 1, S. 32 ff.].

Der berechnete Mittelwert $\bar{x}$ ist also nicht mit der zugrunde liegenden physikalischen Grösse x zu identifizieren, da er nur eine Schätzung für x abgibt. Wenn deshalb zu verschiedenen Zeiten gemessene Mittelwerte $\bar{x}_j$ in einem Diagramm aufgetragen werden, gibt die entstehende Kurve keine Realität in dem Sinne wieder, dass reale Eigenschaften von x dargestellt werden, sondern nur eine zeitliche Wahrscheinlichkeitsverteilung für x.

Es sei dies an einem konkreten Beispiel näher erläutert. Das Gewicht x eines Gegenstandes G wird zu fünf Zeiten t_j je sieben Mal gemessen; die Zahlenwerte können in einer Tabelle aufgezeichnet werden (vgl. Tab. 5.1). Die gleichen Messwerte lassen sich auch in einem Diagramm darstellen (vgl. Abb. 5.2). Die aus den Einzelmessungen errechneten Mittelwerte ergeben ein anderes Diagramm (siehe Abb. 5.3). Ohne mittleren Fehler des Mittelwertes ist diese Darstellung allerdings sinnlos; dies zeigt ein Vergleich dieser zwei Abbildungen.

Tag j	Messung Nr.						$\bar{x}_j$	$s_{\bar{x}_j}$
	1	2	3	4	5	6		
1	90	80	100	90	90	100	92	3
2	82	72	62	92	92	102	84	6
3	122	102	82	102	92	72	95	7
4	115	75	85	85	95	105	93	6
5	78	78	78	98	88	98	86	4
6	86	86	86	106	96	106	94	4
7	100	80	80	95	100	80	89	4

Tabelle 5.1: Die Rohdaten x_{ij} und die Mittelwerte $\bar{x}_j$ in Tabellenform

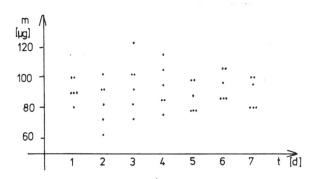

Abbildung 5.2: Die Rohdaten x_{ij} in Diagrammform

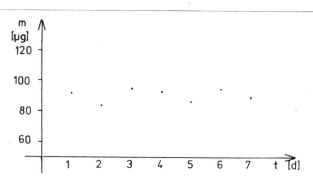

Abbildung 5.3: Die Mittelwerte $\bar{x}_j$ in Diagrammform

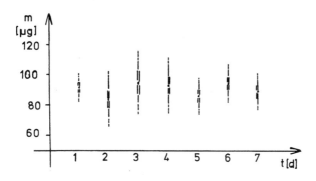

Abbildung 5.4: Die Mittelwerte $\bar{x}_j \pm s_{\bar{x}}, 2s_{\bar{x}}, 3s_{\bar{x}}$

Abbildung 5.5: Konventionelle Darstellung: die Mittelwerte $\bar{x}_j \pm s_{\bar{x}}$

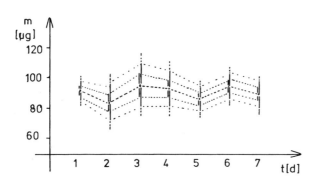

Abbildung 5.6: Suggestive statistische Darstellung

Mit den entsprechenden Fehlerbalken ($\bar{x}_j \pm s_{\bar{x}}, 2s_{\bar{x}}, 3s_{\bar{x}}$) erhält man ein informatives Diagramm (vgl. Abb. 5.4). Seine Aussage liegt darin, dass die realen physikalischen Werte x_j mit einer gewissen Wahrscheinlichkeit innerhalb der einzelnen Bereiche liegen. Für eine Normalverteilung *bekannter* Form ergibt sich eine Wahrscheinlichkeit von 68 % innerhalb des doppelt ausgezogenen Bereichs, von 95 % innerhalb des doppelt und einfach markierten und von 99.7 % innerhalb des gesamten Bereichs.

Üblicherweise werden die Daten der Tabelle 5.1 in der in Abb. 5.5 dargestellten Form aufgetragen. Diese Darstellung ist jedoch sehr verfänglich, wenn man sich nicht genau ins Bewusstsein hebt, was dargestellt wird:

1. Die Mittelwerte $\bar{x}_j$ mit ihren Standardabweichungen $s_{\bar{x}_j}$ sind aus den realen Messungen x_{ij} errechnete *Wahrscheinlichkeitsaussagen* für die Werte der realen physikalischen Grösse x. Die Wahrscheinlichkeit, mit welcher sich x innerhalb der Standardabweichung des Mittelwerts befindet, hängt von der Form der Fehlerverteilung ab.

2. Die Interpolationen zwischen den Messwerten sind *rein spekulativer Natur* und entbehren jeder objektiven Realität. Sie finden ihre formale Berechtigung in der mehr oder weniger plausiblen Annahme, dass sich die Messwerte nicht sprunghaft verändern. Diese Hypothese kann unter Umständen aus anderen Zusammenhängen heraus erschlossen werden; die Interpolationen bleiben aber trotzdem *reine Vermutungen*.

Diese Tatsachen sind eigentlich selbstverständlich, nur vergisst man sie allzu leicht im täglichen Umgang. Aus diesem Grund möchte ich noch einmal betonen, dass man sich nicht dazu verleiten lassen darf, in einem Diagramm wie Abb. 5.5 eine Darstellung eines Naturphänomens zu sehen, auch wenn dies durch die Art der Darstellung suggeriert wird. Es wird allein eine Wahrscheinlichkeitsaussage über den zeitlichen Verlauf einer objektiven Messgrösse x verschlüsselt dargestellt.

Sinnvoller wäre eigentlich eine Darstellung wie in Abb. 5.6, wenn gleichzeitig die Information mitgeliefert wird, mit welcher Wahrscheinlichkeit sich die Grösse x zu den Zeiten t_j innerhalb der verschiedenen Balken befindet. Wie schon erwähnt, hängt diese davon ab, mit welcher Genauigkeit die Form der Fehlerverteilung bekannt ist. Zusätzlich wird durch die Art der Darstellung suggeriert, dass zu den Zeiten $t \neq t_j$ nur mehr oder weniger vage Plausibilitätsaussagen über den Wahrscheinlichkeitsverlauf der physikalischen Grösse x gemacht werden können.

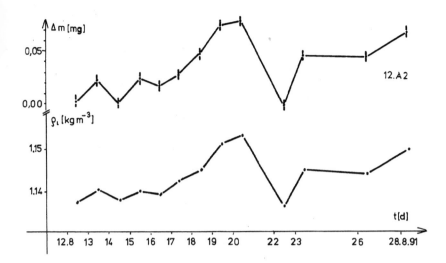

Abbildung 5.7: Unkorrigierte Gewichtsdaten und Luftdichte

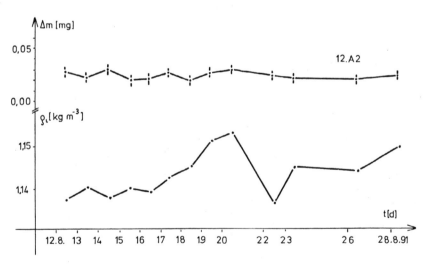

Abbildung 5.8: Auftriebskorrigierte Gewichtsdaten und Luftdichte

Aus Konventionsgründen werden die Resultate der eigenen Untersuchungen auf die herkömmliche Art der Abb. 5.5 dargestellt. Nach den angeführten Überlegungen dürfte die Interpretation dieser Kurven jedoch nicht zu Schwierigkeiten oder Missverständnissen Anlass geben.

In bezug auf die nachfolgend dargestellten Messungen soll noch angemerkt werden, dass der Mittelwert $\bar{x}_j$ immer nach der Gleichung 5.1 als arithmetischer Durchschnitt berechnet wurde. Es erwies sich nie als notwendig, Driften mithilfe einer linearen Regression zu eliminieren.

5.2.2 Auftriebskorrektur

Die nach Gleichung 5.1 berechneten Durchschnittsgewichtswerte weisen bei sämtlichen Ampullen im Verlauf der Messperiode erhebliche Schwankungen auf. Diese sind auf Volumenunterschiede der Ampullen relativ zur Taraampulle zurückzuführen. Luftdruck- und Temperaturänderungen können durch diese Volumendifferenzen über Luftdichte und Auftrieb auf die Gewichtsmessungen einwirken. Da die Gesetzmässigkeit dieses Fehlers bekannt ist (vgl. Kap. 4.2.1), lässt er sich leicht korrigieren.

Aus Druck, Temperatur und Feuchtigkeit wird nach Gleichung 4.9 die Luftdichte ρ_l für jede Messung berechnet, um nach Gleichung 4.12 den Korrekturfaktor k bestimmen zu können. Den Erfolg einer solchen Korrektur zeigen die Abbildungen 5.7 und 5.8.

In diesen wird jeweils oben die Gewichtsdifferenz Δm eines Salz-Kontrollglases (Versuch Nr. 12.A2) zur Taraampulle und unten die Luftdichte ρ_l als Funktion der Zeit aufgetragen. In der Abb. 5.7 zeigt das unkorrigierte Gewicht der Salzampulle eine eindeutige Korrelation zur Luftdichte. Nach der Korrektur des Luftauftriebs ergibt sich die in Abb. 5.8 dargestellte Situation. Das Gewicht der Salzampulle bleibt innerhalb der Fehlergrenze konstant.

Wie in Kapitel 5.3 gezeigt wird, erweist sich das Gewicht von mit Kresse gefüllten Ampullen nach deren Tod als konstant. Es wurde deshalb teilweise dazu übergegangen, den Auftriebsfaktor β von Glg. 4.13 aus den Wägedaten selbst zu bestimmen. Aus dem Vergleich zweier Wägungen der Tage T_1 und T_2 ergibt sich β zu

$$\beta = \frac{m_2 - m_1}{\rho_1 - \rho_2}, \qquad (5.4)$$

wobei $m_{1,2}$ jeweils den Durchschnittsgewichtswert der Wägung am Tage $T_{1,2}$ und $\rho_{1,2}$ die entsprechende Luftdichte darstellt. Im konkreten Fall wird der β-Wert aller möglichen Tagespaare $T_{x,y}$ nach dem phänomenologischen Tod der Kressekeimlinge (vgl. Kap. 5.3.1) bestimmt. Die Korrektur wird dann mit dem Durchschnitt aller β-Werte berechnet. Diese Methode der indirekten Volumensbestimmung lässt sich auch mit Salzampullen durchführen. Man verwendet dabei mit Vorteil dieselben Tagespaare $T_{x,y}$. Die Auftriebskorrektur kann zusätzlich dahingehend überprüft werden, dass der β-Faktor versuchsweise um 1 cm^3 erhöht bzw. erniedrigt wird. Bei richtigem β-Wert kann dann jeweils eine eindeutige negative bzw. positive Korrelation zur Luftdichte festgestellt werden.

5.2.3 Windkorrektur

Einige Wägeserien fallen dadurch auf, dass die stochastischen Gewichtsschwankungen der Kontrollgläser grösser sind als in anderen Serien. Diese Schwankungen sind stochastisch in dem Sinn, dass sie sich wahllos um den Durchschnittswert gruppieren; sie sind aber systematisch in jener Hinsicht, dass sie sich auf alle Gläser gleich auswirken. Bei einer positiven Gewichtsänderung einer Kontrolle zeigen alle anderen Kontrollen ebenso positive Abweichungen von ihrem Durchschnitt; das Analoge gilt für Gewichtsabnahmen. Bei genauer Betrachtung der Gewichtskurve von Kresseampullen fällt zusätzlich auf, dass die Schwankungen der Kontrollen mit Abweichungen der Kressegewichte von einer gedachten glatten Kurve korrelieren.

Aus den Protokollaufzeichnungen ergibt sich, dass diese Fehler einen eindeutigen Zusammenhang mit der Wetterlage aufweisen; es handelt sich dabei um Tage mit erhöhtem Windaufkommen. Die Ursache für die allen Ampullen zukommenden Gewichtsschwankungen liegt meines Erachtens darin begründet, dass eine kurzfristige Druckschwankung während der Kalibrierung der elektromagnetischen Waage Variationen im Auftrieb des Eichgewichtes hervorruft, welche die Kalibrierung verfälschen. Dies kann durch Verschiebung des End- oder Anfangspunktes der Eichkurve geschehen, da beide im Kalibrierungsvorgang jeweils neu gesetzt werden.

Da im Relativwägemodus der Kalibrierungsvorgang unter Belastung der Waage durch die Tarierampulle durchgeführt wird, ist das auftriebswirksame Volumen am Anfangspunkt der Eichkurve relativ gross, schätzungsweise 150 cm^3; am Endpunkt ist es nur unwesentlich höher, etwa 160 cm^3, da das Eichgewicht aus Stahl ein kleines Volumen besitzt. Bei einer Druckschwankung von 0.1 mbar während der Kalibrierung verschiebt sich deshalb die ganze Eichkurve um 20 Mikrogramm; zusätzlich verändert sich auch ihre Steigung.

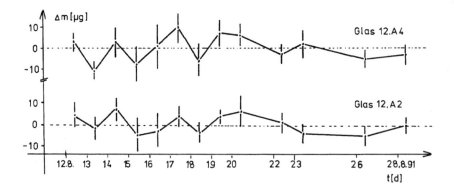

Abbildung 5.9: Die Kontrollversuche 12.A2 und 12.A4, nicht windkorrigiert

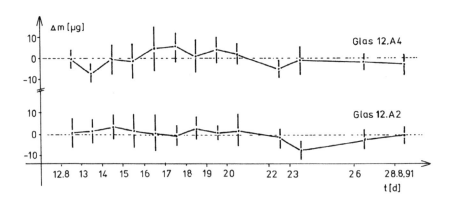

Abbildung 5.10: Die Kontrollversuche 12.A2 und 12.A4, windkorrigiert

Die Verschiebung der Eichkurve hat einen massenunabhängigen systematischen Fehler zur Folge, der sich auf alle gewogenen Gläser auswirkt; in obigem Beispiel 20 μg, was auch empirisch die maximale Grösse dieser Schwankungen darstellt. Dieser systematische Fehler lässt sich nicht an einer Drift der Massenanzeige des Taragewichtes feststellen, da der Gewichtsnullpunkt der elektromagnetischen Waage laufend elektronisch driftkorrigiert wird. Die veränderte Steigung der Eichkurve bringt einen weiteren, allerdings schwächeren systematischen Fehler hervor, der massenabhängig ist. In obigem Beispiel beläuft er sich auf 1 Mikrogramm auf 100 Gramm Waagenbelastung, was unmessbar ist.

Dieser Fehler lässt sich beheben. Dazu wird für jeden Tag die durchschnittliche Abweichung $\bar{a}_j$ aller Kontrollampullen von ihrem jeweiligen Gesamtdurchschnittsgewicht errechnet. Diese Abweichung $\bar{a}_j$ wird anschliessend von *allen* gewogenen Ampullen, also Salz- *und* Kresseampullen subtrahiert.

Den Erfolg dieser Methode illustrieren die Abb. 5.9 und 5.10. In Abbildung 5.9 sind die rein auftriebskorrigierten Messwerte aufgezeichnet, in Abb. 5.10 die zusätzlich ‚windkorrigierten'. Es wurden nur zwei der insgesamt vier Kontrollen abgebildet; sie sie weisen alle denselben Duktus auf. Man beachte die auffällige Ähnlichkeit der Kurven, die nach der Korrektur verlorengeht.

5.2.4 Glasexpansionskorrektur

Bei dünnwandigen Ampullen ist es denkbar, dass deren Volumen aufgrund wechselnder Innendrücke in gewissen Grenzen variiert. Die damit verknüpfte Auftriebsänderung hätte eine scheinbare Gewichtsvariation zur Folge.

In den eigenen Experimenten kamen die im Kapitel 5.1.2 erwähnten Ampullen zum Einsatz. Sie wurden in zwei unterschiedlichen Chargen hergestellt. Nach einigen Experimenten ergab sich die Vermutung, dass die Gläser der zweiten Charge zu dünne Wände aufweisen und aufgrund interner Überdrücke verfälschte Resultate liefern. Es stellt sich daher die Frage nach dem Kompressionsmodul der zwei Chargen sowie nach dem internen zeitlichen Druckverlauf in einer mit keimender Kresse gefüllten Glasampulle.

In Ermangelung eines passenden Barometers wurde der Innendruck von mit Kresse gefüllten Ampullen auf indirekte Art gemessen. Die Gläser wurden dazu unter Wasser an ihrer Abschmelzstelle geöffnet, und zwar in einem auf dem Kopf stehenden Becherglas, welches sich ebenfalls unter Wasser befand. Im Falle eines Unterdrucks wird Wasser in die Ampulle hineingedrückt. Diese Wassermenge lässt sich durch Wägung ermitteln und ist proportional zur Differenz zwischen Innen- und Aussendruck. Bei einem internen Überdruck tritt solange Gas aus der Ampulle aus, bis der Innendruck dem äusseren Atmosphärendruck angeglichen ist. Dieses Gasvolumen wird in dem erwähnten Becherglas aufgefangen und durch Absaugen mit einer Medizinalspritze gemessen; es ist der Druckdifferenz proportional.

In zwei Messreihen wurde der zeitliche Verlauf des Innendrucks in Kresseampullen gemessen. Dies geschah durch einen gleichzeitigen Ansatz mehrerer Ampullen, von denen im Verlauf zweier Wochen jeweils eine täglich geöffnet wurde, um den Innendruck nach der geschilderten Methodik zu bestimmen. Als Durchschnitt ergab sich der in Bild 5.11 dargestellte Druckverlauf. Der anfängliche Unterdruck ist auf die Erhitzung der Luft in der Ampulle während des Zuschmelzvorgangs zurückzuführen. Der erste Druckanstieg zwischen dem 2. und 4. Tag ist auf die Keimprozesse zurückzuführen; in der Stagnationsphase zwischen dem 4. und 6. Tag nimmt der Druck nur langsam zu. Der zweite stärkere Druckanstieg ist mit den Abbauprozessen zu korrelieren und findet mit dem Tod der Keimlinge nach ca. 10 bis 14 Tagen seinen Abschluss.

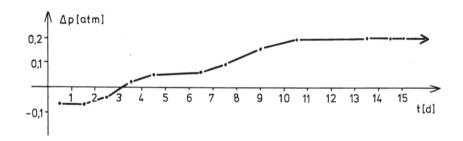

Abbildung 5.11: Interner Druckverlauf in Kresseampullen

Der Kompressionsmodul lässt sich nur mit grösserem apparativem Aufwand direkt messen; es wurde daher ein anderer Weg eingeschlagen. Mittels einer chemischen Reaktion wurde in mehreren 120 cm^3-Ampullen ein kontrollierter Überdruck erzeugt. Durch die Protokollierung des Gewichtes vor, während und nach der Druckänderung konnte die Kompressibilität bestimmt werden. Die dabei gemachte Voraussetzung, dass sich bei rein chemischen Reaktionen das Gewicht der Reaktionspartner *nicht* ändert, sei explizit erwähnt.

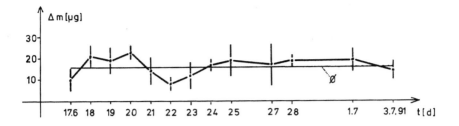

Abbildung 5.12: Ampulle 11.A2: Salz und Wasser

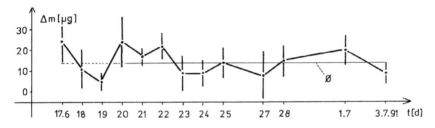

Abbildung 5.13: Ampulle 11.B3: Kalziumkarbonat und Salzsäure

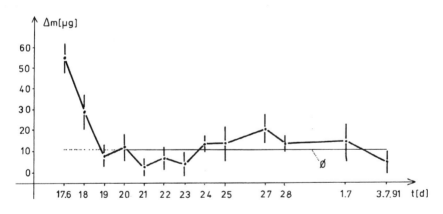

Abbildung 5.14: Ampulle 11.A4: Kalziumkarbonat und Salzsäure

In den Abb. 5.12, 5.13 und 5.14 ist das Resultat eines Versuchs mit Kalziumkarbonat ($CaCO_3$) und konzentrierter Salzsäure (HCl conc.) dargestellt. Die beiden Substanzen wurden getrennt in die Ampulle eingeführt und während des Zuschmelzens und der ersten Wägung nicht vermischt. Am nächsten und übernächsten Tag entwickelte sich aufgrund der sich langsam durchdringenden Reaktionspartner Kohlendioxid-Gas, welches einen Überdruck von je 0.2 bar hervorrief. Die Ampulle 11.A4 zeigt einen deutlichen Gewichtsverlust von etwa 40 µg; das Gewicht des anderen Glases 11.B3 blieb dagegen im Rahmen der Messgenauigkeit konstant, ebenso die nur mit Salz und Wasser gefüllte Kontrollampulle 11.A2.

Aus diesen und anderen Experimenten lässt sich der Kompressionsmodul K der zweiten Serie berechnen; für denjenigen der ersten Serie lässt sich eine untere Schranke angeben. In der Tabelle Nr. 5.2 werden die erzielten Ergebnisse zusammengefasst und mit dem Kompressionsmodul von R. Hauschkas 25 cm^3-Ampullen verglichen. In der vierten Spalte ist die scheinbare Massenvariation Δm_s bei einer sich entwickelnden Druckdifferenz von 0.2 bar, ein typischer experimenteller Wert, verzeichnet.

Material/Ampullen	K [10^6 Nm^{-2}]	Quelle	Δm_s [µg]
Glas massiv	38000	[29, S. 114]	–
25 cm^3 (R. Hauschka)	560	[33]	1.1
120 cm^3 (1. Charge)	> 290	s. Text	< 10
120 cm^3 (2. Charge)	72	s. Text	40

Tabelle 5.2: Kompressionsmodule K

Mit der Kenntnis des Kompressionsmoduls und des zeitlichen Druckverlaufs ist es möglich, den Druckexpansionseffekt bei den Kresseexperimenten der 2. Charge zu neutralisieren. Dazu wird aus dem Druckverlauf und der Kompressibilität die Volumenänderung der Ampulle berechnet. Die daraus berechnete Auftriebsvariation wird als scheinbare Massenvariation von den gemessenen Gewichtskurven der Kresseampulle subtrahiert, um die wahre Gewichtskurve des Kresseglases zu erhalten.

Es sei betont, dass dieses Verfahren nur bei Ampullen der zweiten Charge verwendet werden muss. Auf Druckexpansion korrigierte Gewichtskurven weisen keine starke Beweiskraft in bezug auf die genaue Form der Gewichtsvariation auf, da der Druckverlauf als reine, wenn auch plausible Annahme in die Korrektur eingeht. Die so korrigierten Kurven haben in ihrem Detailverlauf deshalb eher hinweisenden Charakter.

5.3 Ergebnisse

5.3.1 Übersicht

Es wurden acht Messreihen mit total 52 Ampullen durchgeführt. Neun Ampullen mussten wegen elektrostatischen Aufladungen, zu grosser Glasausdehnung aufgrund hoher Innendrücke und Zuschmelzartefakten ausgeschieden (Elimin.) werden. Die verbleibenden 43 Ampullen bestehen aus 9 Tariergläsern (Tara), 17 Kontrollen (Ko.) und 17 Kresseampullen (Kr.). Nach der Auftriebskorrektur erhielten einige Gläser noch eine zusätzliche Windkorrektur; sieben Kressegläser mussten auf Glasexpansion korrigiert werden. Eine genaue Übersicht über alle Experimente ist in Tabelle 5.3 zu finden. Die Indices ^{a,b,c} in der letzten Spalte weisen auf den Grund hin, aus welchem die betreffende Ampulle ausgeschieden wurde: a bedeutet Elektrostatik, b verweist auf zu hohe Innendrücke und c bedeutet unvollständiger Abschluss von der Aussenwelt. Die Versuche Nr. 1 − 4 stellen Vorexperimente dar.

Vers. Nr.	Nur Auftr. korr. (5.3.2)		Auch Wind- korr. (5.3.3)		Druckexp. korr. (5.3.4)	Elimin.		Ta- ra	To- tal
	Ko.	Kr.	Ko.	Kr.	Kr.	Ko.	Kr.		
5						1^a	2^a	1	4
6	1	1					1^a	1	4
7	1	1					1^c	1	4
8			3	2 + (2)	2			1	8
9			3	1 + (1)	1		$1^c, 1^b$	1	8
10	2	4						1	7
11			3	1			2^b	2	8
12	4	(4)			4			1	9
Σ	8	6	9	4	7	1	8	9	52

Tabelle 5.3: Übersicht über alle Experimente

Das Kressewachstum

Vor der Darstellung der Gewichtskurven muss auf die Pflanzenkeimung und -entwicklung in den zugeschmolzenen Ampullen hingewiesen werden. Die eingeschlossenen Kressesamen durchlaufen innerhalb von 14 Tagen fünf Entwicklungsstadien: Keimung, Wachstum, Stagnation, Abbau und Tod.

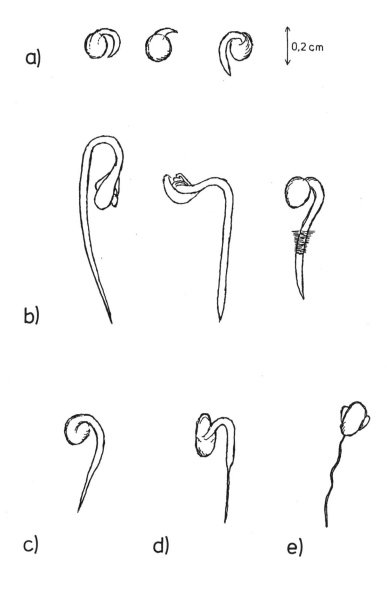

Abbildung 5.15: Die Kresseentwicklung

Die einzelnen Phasen sind in Abb. 5.15 skizzenhaft festgehalten. Die Keimphase beginnt am 1. Tag mit der Quellung der Samen, die sich schon eine halbe Stunde nach dem Wasserkontakt mit einer Schleimschicht umgeben. Am 2. Tag beginnen die Wurzeln zu wachsen; sie sind dann etwa so lang wie der Same selbst (vgl. Abb. 5.15 a)). Der 3. und 4. Tag sind vom Wachstum geprägt. Bis zu 99 Prozent der Wurzeln entwickeln sich zu einer Länge von 10 bis 20 mm. Oft sind an der weissen Hauptwurzel feine Seitenwurzelhäarchen zu finden (vgl. Abb. 5.15 b)). Nur etwa 10 bis maximal 20 Prozent der Keimlinge beginnt jedoch damit, die Blätter ansatzweise aus der Samenhülle zu befreien und zu entfalten. In diesem Stadium sind die Blättchen von gelblicher Färbung.

Der 5. und 6. Tag stehen im Zeichen der Stagnation: die Pflänzchen zeigen keine äusserlichen Veränderungen. Die weissen Wurzeln tragen die nur teilweise entfalteten, gelben Keimblätter wie am 3. und 4. Tag.

Am 7. Tag beginnt meistens der phänomenologische Abbau: die Wurzeln fallen von unten her zusammen. Im Laufe der Zeit schreitet der Abbau immer weiter fort, bis schliesslich nur noch dünne, weisse Fäden von den Wurzeln übrigbleiben. Die Keimblätter verändern sich praktisch nicht und liegen am Ende des Abbaus gelblich glänzend neben den Wurzeln am Boden der Ampullen (Abb. 5.15 c) - e)).

Der phänomenologische Tod wird dadurch definiert, dass rund 95 Prozent aller Wurzeln völlig erschlafft und zusammengefallen sind. Dieser Zustand ist nach etwa 12 bis 14 Tagen erreicht. Weitere Zersetzungen, etwa durch Schimmelpilze, finden nicht statt. Abgestorbene Kressekeime verändern sich innerhalb der nächsten fünf Jahre nicht mehr; sie scheinen wie mumifiziert für immer aus dem Zeitstrom herausgefallen zu sein.

Es stellt sich die Frage nach dem Grund des frühen Endes der Pflanzenentwicklung. Zuerst wurde vermutet, dass sich die Luft in den Ampullen erschöpfe. Während des Keimvorgangs braucht die Kresse noch kein Kohlendioxid, da letzteres erst mit grünen Blättern in der Photosynthese assimiliert werden kann. Der zur Keimung benötigte Sauerstoff ist sicher im Übermass vorhanden, zumal der Innendruck von Kresseampullen nie abnimmt. Auch Wassermangel kann als Stagnationsursache ausgeschlossen werden, da sich die Pflanzen auch auf Agar-Agar oder Blumenerde als Wachstumssubstrat nicht weiterentwickeln. Die von mir zur Zeit bevorzugte Deutung ist die, dass sich die Kresse mit ihren eigenen Stoffwechselprodukten vergiftet. Geöffneten Kresseampullen mit abgestorbenem Inhalt entströmen Gase mit äusserst unangenehmem Geruch, unter denen sich unter anderem auch Schwefelverbindungen befinden müssen.

5.3.2 Auftriebskorrigierte Messungen

Die in diesem Abschnitt dokumentierten Messungen wurden einzig auf Auftrieb korrigiert; keine anderen Korrekturen wurden durchgeführt. Die insgesamt acht Kontrollexperimente umfassen neben sieben mit Kochsalz und Wasser gefüllten Gläsern eine mit Silbernitrat und Wasser gefüllte Ampulle. Als Kontrollexperiment im weiteren Sinne kann eine Ampulle mit abgestorbener Kresse aus einem früheren Experiment angesehen werden. Die Zusammenstellung der Gewichtskurven von drei solchen Experimenten der Messreihe 10 (vgl. Abb. 5.16) zeigt, dass diese innerhalb der Messgenauigkeit über einen Monat hinweg gewichtskonstant bleiben.

Es sei noch einmal daran erinnert, dass die aufgezeichneten Kurven den zeitlichen Verlauf des Relativgewichtes der untersuchten Ampullen zu einem mit Salz und Wasser gefüllten Taraglas darstellen.

Die Gewichtskurven 10.B3 und 10.A3 (vgl. Bild 5.16) bestätigen die Ansicht, dass sich das Gewicht anorganischer Gegenstände, die keinen physikalischen, chemischen oder sonstigen Veränderungen unterworfen sind, im Laufe der Zeit nicht relativ zueinander verändert. Ebensowenig variiert das Gewicht eines Glases, welches abgestorbene Kressepflanzen enthält. Dieses Phänomen bestätigte sich auch in anderen Experimenten (s.u.).

Ich möchte an dieser Stelle auf die Statistik der ‚zufälligen' Fehler der vorliegenden Wägeexperimente eingehen. Bei genauerer Analyse der Experimente in Abbildung 5.16 stellt man fest, dass das jeweilige Gesamtdurchschnittsgewicht in 68.9 Prozent der Wägungen innerhalb der Standardabweichung des Mittelwerts einer Tageswägung und in 31.1 Prozent ausserhalb ihrer liegt; 97.8 Prozent aller Messungen überdecken das Durchschnittsgewicht mit verdoppelter Standardabweichung.

In Abschnitt 5.2.1 wurde betont, dass Berechnungen von Vertrauensgrenzen für Messungen dann sinnvoll durchgeführt werden können, wenn die zugrunde liegende statistische Gesamtheit bekannt ist. Kann diese bei den vorliegenden Messungen bestimmt werden?

Aus der Verteilung der Streuung der Mittelwerte kann geschlossen werden, dass es sich im wesentlichen um eine Normalverteilung handeln muss, da die oben angegebenen Überdeckungsprozentsätze sich mit den für die Normalverteilung angegebenen nahezu identisch decken. Die Annahme einer normalverteilten Grundgesamtheit wird durch sämtliche anderen Kontrollexperimente bestätigt, in welchen ebenfalls etwa 70 Prozent aller Wägemittelwerte den jeweiligen Gesamtdurchschnitt im Bereich einer Standardabweichung überdecken. Für die doppelte Standardabweichung sind es 97 Prozent und für die dreifache exakt 100 Prozent.

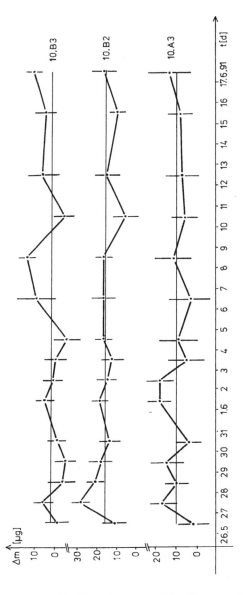

Abbildung 5.16: Die Experimente 10.B3, 10.B2 und 10.A3

Für diese angenommene Normalverteilung kann man aus den insgesamt 34 Ampullengewichtskurven jeweils 10 – 20 Mittelwertsstandardabweichungen $s_{\bar{x}}$ gewinnen. Mit diesen rund 500 Stichproben s wird die zugrunde liegende Standardabweichung σ der Grundgesamtheit mit hinreichender Genauigkeit zu 5.5 μg bestimmt. Bei bekannter Grundgesamtheit müssen die Vertrauensgrenzen nicht über einen Student-Test berechnet werden, sondern ergeben sich einfach aus der Geometrie der Normalverteilung (vgl. Kap. 5.2.1).

Es interessiert nicht, mit welcher Wahrscheinlichkeit unsere Grundgesamtheit wirklich eine Normalverteilung darstellt, da aus den angegebenen Daten mit Sicherheit hervorgeht, dass eine Normalverteilung mit einer Standardabweichung σ von 5.5 μg für unsere Verteilung eine obere Schranke bildet. Die Vertrauensgrenzen der erwähnten Normalverteilung sind deshalb ebenfalls obere Schranken für die unserer Verteilung zukommenden Vertrauensgrenzen.

Konkret bedeutet das, dass der reale physikalische Gewichtswert, der einer unserer Messungen zugrunde liegt, mit gut 68.3 % Wahrscheinlichkeit im 1σ-Intervall, mit 95.5 % im 2σ-Intervall und mit 99.7 % im 3σ-Intervall um den Mittelwert einer Tagesmessung zu finden ist.

Man stosse sich nicht an dem Umstand, dass die so errechnete Standardabweichung von 5.5 μg unterhalb der Ablesegenauigkeit von 10 μg liegt. Die Waage arbeitet nämlich intern mit einer zusätzlichen Stelle, weist also eine Empfindlichkeit von 1 μg auf; für die Anzeige wird das Wägeresultat auf 10 μg gerundet. Durch die Durchschnittsbildung mehrerer Messungen kann man aber offenbar auf eine höhere Genauigkeit als die künstlich eingeschränkte Ablesegenauigkeit kommen.

Versuchsreihe 6 und 7

Diese zwei Experimente lassen sich gut zusammen behandeln, da sie sich nur in bezug auf die Samenherkunft unterscheiden; die weiteren Parameter wurden konstant gehalten. In beiden Serien wurden je zwei Ampullen mit jeweils 1.5 Gramm Kressesamen und 3 ml destillierten Wasser angesetzt.

In Versuch Nr. 6 wurde Kresse aus ‚konventionellem' Samenanbau verwendet, in Versuch Nr. 7 Samen einer biologisch-dynamischen Züchtungsinitiative (vgl. Kap 5.1.2). In beiden Fällen kamen Ampullen der ersten Charge mit kleinen Ausdehnungskoeffizienten zum Einsatz. In Abb. 5.17 und 5.18 sind die beiden Versuchsreihen abgebildet.

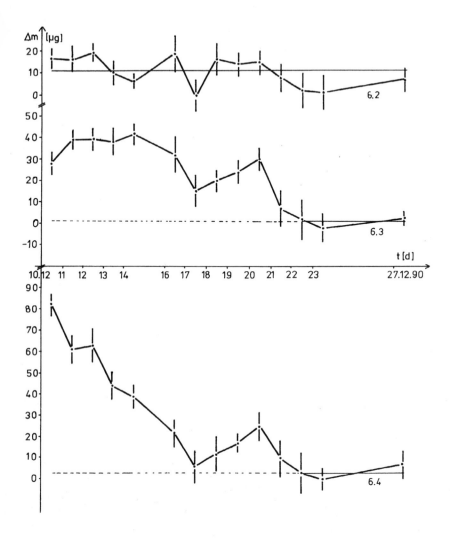

Abbildung 5.17: Versuch Nr. 6

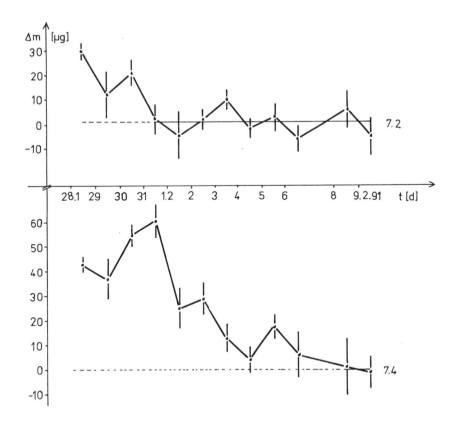

Abbildung 5.18: Versuch Nr. 7

In Experiment Nr. 6 erwies sich die Ampulle 6.4 als undicht; sie ist als Beispiel für einen relativ monotonen Gewichtverlust anzusehen. Das Gewicht der Salzampulle 6.2 bleibt im Rahmen der statistischen Schwankungen konstant, währenddem sich dasjenige der mit Kresse gefüllten Ampulle 6.3 zu ändern scheint, insbesonders in bezug auf die letzten vier Tage nach dem Tod der Kressepflanzen. Die Gewichtsvariation beträgt maximal 40 µg, was etwa $2 \cdot 3.5\sigma$ entspricht und damit signifikant gesichert ist.

In Versuch Nr. 7 ergaben sich Probleme mit elektrostatischen Aufladungen, weshalb eine Kresseampulle (7.3) ausgeschieden werden musste. Die Elektrostatik verfälschte auch das Gewicht der Kontrollampulle 7.2 während der ersten drei Tage, währenddem die Ampulle 7.4 ladungsfrei war. Dies kann deshalb mit Sicherheit gesagt werden, weil statisch aufgeladene Glasampullen die metallische Waagschale vor dem Aufsetzen anziehen, was sich in einer negativen Gewichtsanzeige im Milligrammbereich äussert. Die Anzeige der Waage ändert sich vor dem Aufsetzen von neutralen Glasampullen nie.

Auch im Versuch 7 ist die Kontrolle bis auf den erwähnten elektrostatischen Artefakt gewichtskonstant, während sich das Gewicht der Kresseampulle 7.4 wiederum zu ändern scheint. Auch hier liegt die maximale Gewichtsdifferenz von 55 Mikrogramm mit $2 \cdot 5\sigma$ signifikant über dem Messfehler.

Die Keimung unterscheidet sich in den beiden Serien kaum. Die zeitlichen Entwicklungsstadien sind ähnlich: vier bis fünf Tage nach der Keimung erfolgt die Stagnation, nach sieben Tagen beginnt der Abbau. Der Tod tritt mit zehn Tagen nach der Keimung etwa drei Tage früher ein als in Abschnitt 5.3.1 beschrieben. Dies liegt an der geringen Wassermenge von 3 ml; 5 ml Wasser auf 1.5 Gramm Kresse erwiesen sich als optimal in bezug auf Keimrate und Lebensdauer. Der einzige sichtbare Unterschied zwischen den Serien besteht in der Keimrate, welche bei Experiment Nr. 7 98 Prozent und bei Nr. 6 90 Prozent beträgt. Eine nähere Ähnlichkeit zwischen den beiden Gewichtskurven scheint nicht vorhanden zu sein. Interessant ist, dass bei Versuch 6 erst beim Einsetzen der Abbauprozesse und zum Todeszeitpunkt ein markanter Gewichtsverlust auftritt, bei Versuch 7 jedoch schon in der Stagnationsphase, aber auch zu Beginn des Abbaus.

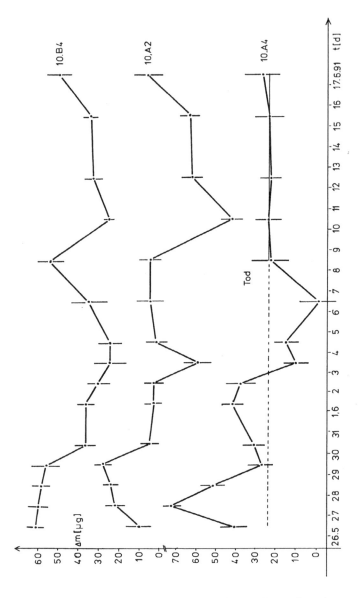

Abbildung 5.19: Experimente Nr. 10.A2, 10.B4 und 10.A4

Versuchsreihe 10

In Versuchsreihe 10 wurde untersucht, ob sich das Kressewachstum mit einem wasserspeichernden Substrat verlängern lässt. Hierzu wurde in zwei Ansätzen 0.225 g Agar-Agar mit 15 ml Wasser in der Ampulle aufgekocht. Nach dem Erkalten wurden 1.5 Gramm Kresse und weitere 3 ml Wasser hinzugegeben (Ampullen Nr. 10.A2 und 10.B4). Zusätzlich wurde eine Ampulle nur mit Kresse und destilliertem Wasser (1.5 g auf 5 ml) gefüllt. Die erhaltenen Gewichtskurven sind in Abb. 5.19 aufgetragen. Die drei anderen, parallel dazu durchgeführten Experimente von Versuchsreihe 10 wurden am Anfang des Kapitels abgebildet.

Der Versuch 10.A4, der nur mit Kresse und Wasser angesetzt wurde, zeigt bis zum phänomenologischen Tod nach 11 Tagen grössere Gewichtsschwankungen von maximal 75 Mikrogramm; nachher ist das Gewicht konstant. Man ist versucht, die ersten drei bis vier Tage mit Gewichtswerten über dem Endgewicht mit dem Wachstumsprozess in Verbindung zu bringen, den 5. bis 7. Tag mit der sichtbaren Stagnation und die folgenden Tage mit ‚negativem' Gewichtsverlauf mit den Abbauprozessen zu assoziieren.

Die Gewichtskurven der Kressekeimlinge, die auf dem Agarboden gediehen, lassen sich nicht nach dem hergebrachten Schema interpretieren. Vor allem fehlt die Gewichtskonstanz gegen Ende des Experiments. Es ist aber auch zu betonen, dass sich die Kresse auf dem Agarsubstrat entwicklungsmässig anders verhielt. In den ersten Tagen unterschied sie sich kaum von Kresse, die nur in Wasser keimt. Im Abbauprozess traten Differenzen auf: Währenddem die Kresse ohne Agarboden nach der in Kap. 5.3.1 beschriebenen Weise in sich zusammenfiel, verhielt sich die Kresse auf Agar anders. Hier fielen die Wurzeln nicht zusammen, sondern blieben in ihrer ursprünglichen Struktur erhalten; sie veränderten aber ihre weisse Farbe nach ca. acht Tagen dahingehend, dass sie milchig-durchscheinend wurden. In dieser Glasigkeit kippten die Keimlinge nach etwa 14 Tagen langsam auf den sich gelblich verfärbenden Agarboden, ohne andere Abbauerscheinungen zu zeigen.

Insofern ist es verständlich, dass sich die Gewichtskurven von Kresse mit und ohne Agarsubstrat unterscheiden. Andererseits sind sich auch die Agar-Kresse-Gewichtskurven untereinander eher unähnlich, was keinen Spiegel in der Phänomenologie aufwies.

5.3.3 Windkorrigierte Messungen

In der Versuchsreihe 11 wurde neben Glasexpansionsexperimenten (vgl. Kap. 5.2.4) vor allem Erde als Wachstumssubstrat untersucht. Aber auch hier ergab sich, dass das Wachstum nach drei bis vier Tagen stagnierte und der Abbauprozess nach fünf Tagen begann. Zudem war die Keimrate ziemlich gering; sie lag bei 75 Prozent. Auch ein ‚natürlicher' Untergrund hilft bei dem Problem der Wachstumsstagnation nicht weiter.

Im Gegensatz zu den bisher geschilderten Versuchsreihen kamen jetzt teilweise auch leichtere, d.h. dünnere und ‚weichere' Gläser zum Einsatz. Dies äusserte sich darin, dass eine der mit Kresse und Erde gefüllten Ampullen gegen Ende des Experiments explodierte. An der anderen Ampulle liess sich ein Überdruck von 0.7 bar (rund 2/3 Atmosphärendruck!) messen. Diese Experimente sind aufgrund der hohen Glasexpansion nicht auswertbar.

Ein anderes Experiment ergab eine Überraschung: eigentlich als Kontrolle gedacht, veränderte sich das Gewicht von mit gerösteten, nicht mehr keimfähigen Kressesamen belegter feuchter Erde (vgl. Abb. 5.20). Nach dem 3. Tag wurden die Erdoberfläche und die gerösteten Samen von einer weissen Schimmeldecke überzogen, welche gegen den 8. Tag hin wieder in sich zusammenfiel. Es stellt sich die Frage, ob die Gewichtsveränderung mit dem Schimmelwachstum in Zusammenhang zu bringen ist. Eine Glasexpansionskorrektur ist bei diesem Experiment nicht nötig, da der Innendruck nur unwesentlich erhöht war.

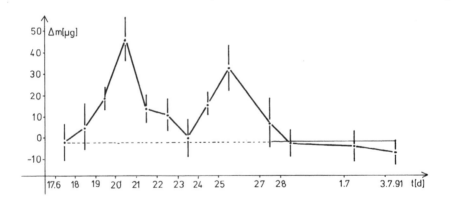

Abbildung 5.20: Schimmel auf gerösteter Kresse und Erde

5.3.4 Glasexpansionskorrigierte Messungen

In drei Messreihen kamen dünnwandigere Gläser zum Einsatz, welche bei Füllung mit keimender Kresse (acht Ampullen) auf Druckexpansion korrigiert (sieben Gläser) oder ausgeschieden (eine Ampulle) werden mussten. Die Korrektur wurde nach dem im Kap. 5.2.4 dargestellten Verfahren durchgeführt. Die zwei mit abgestorbener Kresse gefüllten Gläser, Glas Nr. 8.A2 (andere Charge) und die 10 Salzkontrollen mussten keiner zusätzlichen Korrektur unterworfen werden.

Versuchsreihe 8

Die Versuchsserie Nr. 8 hatte zwei Ziele. Das erste bestand darin, die Ähnlichkeit von parallel durchgeführten Kressegewichtskurven bei gleichen Nebenbedingungen zu untersuchen; das zweite sollte in einer Aufklärung der Gewichtsvariation beim Todesprozess liegen. Hierzu wurde letzterer verfrüht und abrupt durch Erhitzung herbeigeführt.

Wie aus einer Betrachtung der Abb. 5.21 hervorgeht, kann über die interne Reproduzierbarkeit nur die Aussage gemacht werden, dass in diesem Experiment der Effekt in allen Ampullen zu klein ist, als dass er statistisch gesichert werden könnte. Die Grösse des Effekts scheint sich also von Versuchsreihe zu Versuchsreihe zu verändern.

Der zweite Teil der Experimente schlug fehl, da durch die Erhitzung mit dem Bunsenbrenner sowohl Kresse- wie Kontrollampullen an Gewicht verloren (40 - 50 μg), sonst aber keinerlei Gewichtsvariationen zeigten. Den aufgetretenen Gewichtsverlust möchte ich auf eine Oberflächenmodifikation der Glasampullen zurückführen.

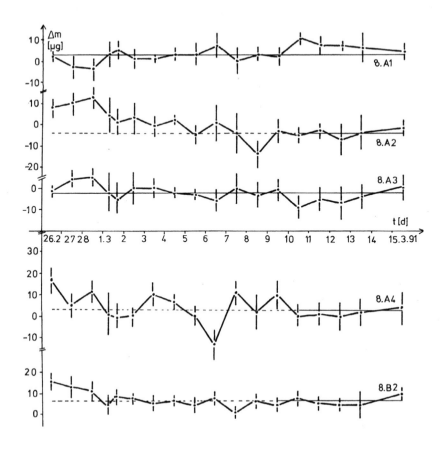

Abbildung 5.21: Zwei Salzampullen (8.A1, 8.A3) und drei Kresseampullen (8.A2, 8.A4, 8.B2)

Versuchsserie 9

Diese Versuchsreihe war hauptsächlich als Überprüfung der Langzeitkonstanz von Kontrollen gedacht. In der Tat veränderte sich das Gewicht von drei Salzkontrollen und einer Ampulle mit abgestorbener Kresse während eines Monats nicht, d.h. die Schwankungen blieben im Rahmen der Messgenauigkeit. Eine weitere Ampulle mit abgestorbener Kresse zeigte einen monotonen Gewichtsverlust; es war dieselbe Ampulle, die in Versuch 7 aufgrund eines Artefakts beim Abschmelzvorgang ausgeschieden werden musste.

Ein Kresseexperiment mit 1.5 g Kresse auf 4 ml Wasser musste auf Glasexpansion korrigiert werden und zeigte danach keinerlei Gewichtsvariation. Ein Parallelexperiment mit Erde als Wachstumssubstrat wies einen Gewichtsverlust von 200 μg (!) auf, der aber ebenfalls auf Glasexpansion zurückzuführen ist. Da der interne Druckverlauf bei Kresseampullen mit Erde unbekannt ist, konnte keine Druckexpansionskorrektur durchgeführt werden.

Versuchsreihe 12

Dieses Experiment wurde durchgeführt, um einen eventuellen Einfluss von elektromagnetischen Wechselfeldern auf den Hauschka-Effekt zu untersuchen. Dazu wurde eine Glaskiste B, in welcher vier Ampullen Platz finden, mit Metalldraht umwickelt. Sie nahm zwei Kressegläser und zwei Salzampullen auf. Durch den Draht wurde während des ganzen Experiments ein Wechselstrom von 2.2 Ampere und 50 Hz geleitet. In einer anderen Glaskiste A wurden in einigen Metern Abstand ebenfalls je zwei Kresse- und Salzampullen als Vergleichsversuch aufbewahrt.

Die Ergebnisse sind in Abbildung 5.22 und 5.23 festgehalten. In allen Fällen blieben die Kontrollen gewichtskonstant. Nur eine Kresseampulle (12.A1) zeigt eine schwächere Gewichtsvariation, das Gewicht aller anderen bleibt praktisch konstant. Eine Interpretation dieser Ergebnisse ist schwierig, da die interne Reproduzierbarkeit bei gleichen Bedingungen offenbar nicht gegeben ist, wie der Vergleich von Glas 12.A1 mit Ampulle 12.A3 zeigt. Konkrete Schlüsse über den Einfluss elektromagnetischer Felder auf den Hauschka-Effekt können aus diesen Experimenten nicht gezogen werden.

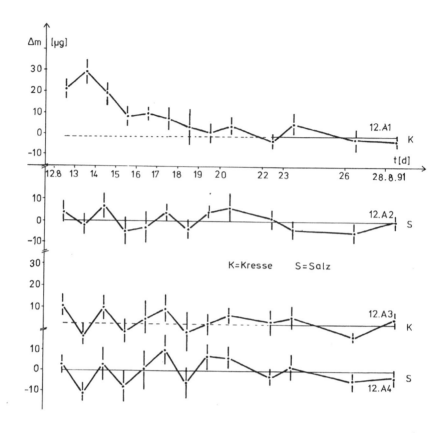

Abbildung 5.22: Exp. Nr. 12: Ampullen aus Kiste *A*

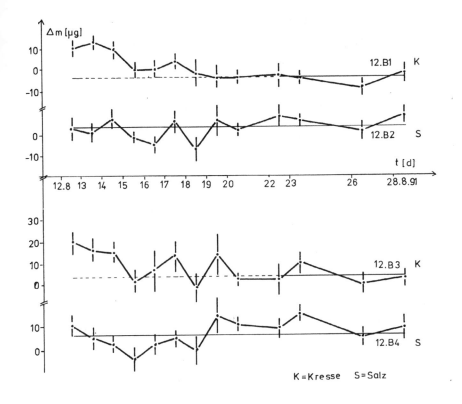

Abbildung 5.23: Exp. Nr. 12: Ampullen aus Kiste B

5.3.5 Zusammenfassung

Die in den letzten Abschnitten dargestellten Resultate lassen sich in zwei Gruppen unterteilen. Die Experimente der ersten Gruppe wurden durchgeführt, um die Frage nach der Reproduzierbarkeit von R. Hauschkas Wägeversuchen zu beleuchten. In der zweiten Gruppe wurden die Parameter gegenüber dem ursprünglichen Experiment verändert, um Aufschluss über die Erscheinungsbedingungen des Phänomens zu erhalten. In beiden Gruppen war das Gewicht sämtlicher Kontrollampullen im Rahmen der Messgenauigkeit konstant.

Direkte Replikation von R. Hauschkas Messungen

In der Tabelle 5.4 wird eine Übersicht über die erzielten Resultate gegeben. In der Spalte ‚Anzahl Experimente' ist die Zahl derjenigen Ampullen angegeben, welche zu der Gruppe mit unveränderten Parametern gehören und nicht aus technischen Gründen ausgeschieden werden mussten. In der dritten Spalte ist die maximale Gewichtsänderung angegeben, mittels derer in der 4. Spalte die Resultate der einzelnen Kresseampullen in drei Kategorien eingeteilt werden: signifikant positive ($P > 99.7\%$), signifikant negative ($P > 99.7\%$) und unsichere Verifikation des Hauschka-Effekts. Signifikant negativ bedeutet in diesem Zusammenhang nur, dass die Gewichtsänderung der betreffenden Ampulle kleiner als 20 Mikrogramm war.

Messreihe Nummer	Anzahl Experimente	Δm_{max} [μg]	Gewichtsvariationen		
			ja	nein	unsicher
6	1	40	1		
7	1	55	1		
8	4	30		2	2
9	1	20		1	
10	1	75	1		
12	2	30		1	1
Σ	10		3	4	3

Tabelle 5.4: Direkte Replikationsversuche des Hauschka-Effekts

Zusammenfassend gesehen kann also gesagt werden, dass sich in 30 Prozent der Experimente keine Gewichtsvariation zeigt, in weiteren 30 Prozent jedoch signifikante Gewichtsänderungen beobachtet wurden. Die restlichen 40 Prozent liegen an der Nachweisgrenze.

Ein Vergleich mit R. Hauschkas Messungen der Nachkriegszeit (vgl. Kap. 2.2.2) ergibt, dass die maximale Grösse des Effekts kleiner geworden ist. Rudolf

Hauschka beobachtete Gewichtsschwankungen von bis zu 200 Mikrogramm auf 0.1 Gramm Samen, was 0.2 Prozent des Samengewichtes sind. Bei 1.5 Gramm Samen entspricht eine maximale Gewichtsänderung von 75 Mikrogramm nur noch 0.005 Prozent des Samengewichtes. Der Effekt scheint also um einen Faktor 40 geschrumpft zu sein. Da aber keine interne Reproduzierbarkeit gegeben ist, könnte es sein, dass das Jahr 1991 als solches in einer noch zu definierenden Weise ‚ungünstig' für den Hauschka-Effekt war. Dem Faktor 40 kommt damit nur eine bedingte Bedeutung zu.

Parameteränderungen

In Tabelle 5.5 findet man eine Übersicht über diejenigen Gewichtsmessungen von Kresseampullen, welche unter bewusst veränderten Umweltbedingungen durchgeführt wurden. Auch hier sind nur die Experimente aufgeführt, die nicht aufgrund technischer Probleme ausgeschieden werden mussten.

Messreihe Nummer	Anzahl Exp.	Δm_{max} [μg]	Gewichtsänderung			Parametervariation
			ja	nein	unsicher	
9	1	20		1		abgestorbene Kresse
10	2	60	2			Agar-Boden
	1	20		1		abgestorbene Kresse
11	1	50	1			Schimmel auf Erde
12	2	30			2	el.mag. dyn. Felder

Tabelle 5.5: Versuche mit Parameteränderung

In bezug auf die in Kap. 5.1.2 erwähnten Änderungen der Umweltbedingungen können folgende Punkte festgehalten werden:

- Das Verhältnis von Kressesamen zu Wassermenge in der Grösse von 1:3.3 erwies sich als optimal in bezug auf die Wachstumsbedingungen; zuviel Wasser hemmt die Keimung.

- Erde als Wachstumssubstrat ist wegen vermehrter Zersetzungsprozesse während des Absterbevorgangs ungünstig, da viele Faulgase produziert werden.

- Agar-Agar als Substrat bringt keinerlei Verbesserungen gegenüber reinem Wasser.

- Eine tägliche Acetonreinigung verschlechtert die Reproduzierbarkeit.

- Abgestorbene Kressekeime zeigen keinerlei Gewichtsvariation.

- Samen differenter Herkunft unterscheiden sich in bezug auf die Gewichtsvariation nicht signifikant.

- Ein Einfluss elektromagnetischer Wechselfelder auf Keimung oder auf die Gewichtsvariation kann nicht signifikant nachgewiesen werden.

Es sei betont, dass die letzten zwei Aussagen nur auf Einzelexperimenten beruhen und daher keinen Anspruch auf eine allgemeingültige wissenschaftliche Tatsache erheben können.

Kontrollexperimente

Die insgesamt 15 reinen Kontrollexperimente gliedern sich in zwölf $NaCl/H_2O$-Ampullen und in drei $AgNO_3/H_2O$-Gläser. Ihr Gewicht blieb innerhalb der Messgenauigkeit konstant.

Weitere Kontrollexperimente wurden mit chemischen Reaktionen zur Ermittlung des Kompressionsmoduls durchgeführt (vgl. Kap. 5.2.4). Auch diese Ampullen waren bis auf den gemessenen Effekt gewichtskonstant.

Als Kontrollexperiment im weiteren Sinne soll erwähnt werden, dass sowohl Kresse- wie Salzampullen stichprobenweise auf ihre Umweltabgeschlossenheit geprüft wurden. Dazu werden nach einem üblichen pharmazeutischen Verfahren die Gläser in mit Rote Beete-Pulver gefärbtem Wasser auf 80 °C erwärmt. Keinerlei Eindringen des Farbstoffes konnte beobachtet werden.

Zusammenschau

Die im Kapitel 4 dargestellten Nebeneffekte wurden nach bestem Wissen und Gewissen berücksichtigt und eliminiert. Diese physikalischen Effekte können daher mit grösster Wahrscheinlichkeit nicht für die dargestellten Gewichtsvariationen verantwortlich sein. Die im Kapitel 5.1.2 gestellte Frage, ob der von R. Hauschka behauptete Effekt auch für andere Menschen als real erkannte Wirklichkeit existiert, kann somit für den Autor mit einem vorsichtigen „Ja" beantwortet werden.

Die Frage nach den weiteren ‚Ursachen' dieser Gewichtsvariation muss behutsam angegangen werden; auf diesen Problemkreis wird in Kapitel 6 näher eingegangen. Ganz allgemein gesehen ist entweder ein weiterer, mir nicht bekannter und deshalb in dieser Abhandlung nicht erwähnter, rein physikalischer Nebeneffekt für die Gewichtsänderung verantwortlich oder es handelt sich tatsächlich um ein neues, unbekanntes Naturgesetz, welches noch seiner völligen Enträtselung harrt.

Es bleiben noch viele Fragen offen. Insbesonders müsste die Frage nach der Reproduzierbarkeit und nach der Personengebundenheit des Effekts auch von experimenteller Seite her noch profunder erforscht werden. Aus diesem Grund sollen im folgenden Kapitel Anregungen für zukünftige Forschungsprojekte auf diesem Gebiet gegeben werden.

5.3.6 Ausblick

Aufgrund der Erfahrungen, die in dieser Arbeit gesammelt werden konnten, muss als erstes betont werden, dass Experimente auf dem Gebiet des Hauschka-Effekts nur bei genügenden Zeit-, Geld- und Arbeitskraftresourcen sinnvoll erscheinen. Es dürfte schwierig sein, sich neben anderen Arbeiten und Aufgaben auch noch mit dieser Thematik experimentell zu beschäftigen; der Zeitaufwand für eine seriöse Erforschung des Hauschka-Effekts ist nicht zu unterschätzen. Bei einem grösseren Forschungsprojekt wäre es meiner Ansicht nach notwendig, mit mehreren Menschen gleichzeitig an den anstehenden Fragestellungen zu arbeiten. Die folgenden Verbesserungen und Modifikationsvorschläge mögen als Anregung für zukünftige Arbeiten dienen.

Die *Wägetechnik* kann verbessert werden. Bei elektromagnetischen Kompensationswaagen wäre es sinnvoll, die Wägewerte direkt über eine Schnittstelle computergestützt auszuwerten. Bei grösseren Finanzmitteln erschiene eine Automation des Messvorgangs durch Roboterunterstützung denkbar; eventuelle Auswirkungen im Unterschied zu menschlicher Bedienung müssten untersucht werden. Eine andere Möglichkeit wäre die Untersuchung der Gewichtsvariation eines einzigen Keimlings mithilfe einer Ultramikrowaage; so könnten Interferenzeffekte der Keimlinge untereinander ausgeschlossen werden. Eine weitere Idee bestünde in der Planung und Konstruktion einer Waage, welche speziell auf den Zweck der Pflanzenwägung optimiert wird; sinnvoll erschiene hierfür eine Waage im Kilogramm-Bereich mit einer Genauigkeit von etwa zehn Mikrogramm, wie sie z.B. in Eichämtern zum Einsatz kommt. Damit könnten ganze Ökosysteme (s.u.) untersucht werden.

Die *Ampullen* müssen der jeweiligen Waage angepasst werden. Spezielle Aufmerksamkeit ist der Kompressibilität zu schenken; die Gläser dürfen nicht zu leicht gefertigt werden. Unter Verwendung von Graphitformen im Herstellungsprozess können die Ampullen mit exakt identischem Volumen hergestellt werden, wodurch die Auftriebskorrektur gänzlich entfiele. Denkbar wären auch grössere Gefässe mit aufzuschmelzendem Deckel, um grössere Gegenstände einführen und einschliessen zu können. Mithilfe der Mikrotechnologie könnten interne Druck- und Temperaturmessgeräte eingebaut werden.

Der *Ampulleninhalt* kann mannigfach variiert werden. Es bietet sich an, Experimente mit Samen verschiedener Pflanzen ins Auge zu fassen. Das Problem der Selbstvergiftung könnte so eventuell umgangen werden. Verschiedene Wachstumssubstrate können untersucht werden; ebenso Pflanzen mit längerer Lebensdauer, unempfindlich gegen die hohe relative Luftfeuchte im Glasinnern, kultiviert auf Agar- oder Erdboden. Wasserpflanzen, Algen, niedere Pilze und Bakterienkulturen können den Rauminhalt der Ampulle besser ausnutzen; ganze Ökosysteme mit Pflanzen und Tieren als stabile Lebensgemeinschaft sind denkbar, wobei man sich damit vom Keimprozess entfernen und eher das Wachstum als solches untersuchen würde. Mit fernsteuerbarer Heizung und eingebautem Thermometer könnte der Konvektionseffekt genau gemessen werden.

Die *Umgebungsbedingungen* können vielfältig verändert werden. Neben den klassischen Parametern wie Licht und Temperatur müsste man an intensive elektromagnetische Strahlung verschiedener Wellenlängen, wie z.B. Mikrowellen oder Röntgen- und Gammastrahlung denken. Mögliche Einflüsse des Experimentators müssen in Betracht gezogen werden, eventuell auch Korrelationen zwischen Aussaatterminen und gewissen astronomischen Konstellationen.

Wünschenswert für die Interpretation wären weiterführende Arbeiten auf dem Gebiet der *Elementumwandlungen* in Pflanzen.

Kapitel 6

Zur Interpretation

6.1 Prinzipielles

Die im letzten Kapitel dargestellten Messergebnisse belegen, dass die Gewichtsvariation von keimenden Pflanzen im geschlossenen System nicht nur für Rudolf Hauschka, sondern auch für den Autor dieser Schrift als Faktum zu gelten hat und mit grösster Wahrscheinlichkeit nicht durch die im Kapitel 4 erwähnten Nebeneffekte erklärt werden kann.

Es wurde beobachtet, dass sich das Gewicht keimender Kressesamen im geschlossenen System zeitweise verändert. Diese Gewichtsvariation tritt bei abgestorbenen Keimlingen nie in Erscheinung und ist deshalb mit den Lebensprozessen der Kressepflanzen in Zusammenhang zu bringen. Dabei ist allerdings weder der genaue zeitliche Ablauf noch die Grösse der Gewichtsänderung festgelegt; beides variiert von Experiment zu Experiment. Dieser Phänomenkomplex soll ‚Hauschka-Effekt' genannt werden.

Es sei an dieser Stelle betont, dass durch die geschilderten Tatsachen *nicht* bewiesen wird, dass der Hauschka-Effekt für jedermann als objektives Geschehen zu gelten hat. Es wird nur gezeigt, unter welchen Bedingungen er in den vorliegenden Untersuchungen auftrat bzw. nicht auftrat.

Im strengen Sinne wird ein Naturphänomen für einen bestimmten Menschen erst dann zu einem objektiven Tatbestand, wenn es aufgrund aktuell vorhandener Wahrnehmungen als Realität *erkannt* wurde. Dies gilt ganz allgemein für jede wissenschaftliche Forschung: während der begriffliche Teil einer wissenschaftlichen Mitteilung denkend auf logische Konsistenz geprüft werden kann, ist man der Wahrnehmungsseite gegenüber zunächst auf Glauben und Vertrauen angewiesen. Je nach Art des Naturphänomens kann man sich dem Wahrnehmungsteil mehr oder weniger leicht nähern; unter Umständen bleibt diese Seite der Realität aufgrund momentaner Wahrnehmungsgrenzen oder aus anderen Gründen verschlossen.

In diesem Kapitel stellt sich die Frage nach der näheren begrifflichen Bestimmung des Hauschka-Effekts. Ziel jeder Wissenschaft ist es, ein Phänomen zu ‚erklären', was nichts anderes bedeutet, als seinen Zusammenhang mit anderen Phänomenen vermöge bestimmter Gesetzmässigkeiten aufzuklären. So muss man sich z.b. fragen, inwiefern der behandelte Effekt als Wirkung einer Ursache aufzufassen ist, ob er aus anderen Prozessen abgeleitet werden kann usw.

Üblicherweise ist man der Ansicht, dass jedes Phänomen von verschiedenen Standpunkten aus betrachtet werden kann, so z.b. von der Warte der klassischen oder der modernen Physik. Eine nähere begriffliche Bestimmung offenbart, dass sich diese ‚Standpunkte' in mehrfacher Weise unterscheiden. Die Unterschiede beruhen auf dem Umfang und Inhalt der Gesetze der betrachteten Wissenschaft und andererseits auf weltanschaulichen Elementen. So betreffen die Gesetze der klassischen Physik die normalen sinnenfälligen Objekte, während diejenigen der Quantenmechanik sich im allgemeinen auf den Mikrokosmos beschränken. Zudem existiert oft eine Färbung der reinen Gesetzmässigkeiten durch reduktionistische und materialistische Interpretationen.

Von einem vorurteilslosen philosophischen Standpunkt ergibt sich das Problem, im Bereiche der traditionellen Wissenschaften berechtigte von unberechtigten Ideen zu sondern, d.h. wahre Gesetze von rein hypothetischen, nicht verifizierbaren Annahmen und weltanschaulich durchtränkten Ideen zu trennen.

Im Folgenden soll der Hauschka-Effekt vom Standpunkt der klassischen und der modernen Physik aus betrachtet werden; danach werden diese Betrachtungen ihrerseits Thema einer philosophischen Untersuchung.

Verschiedentlich wurde nach dem Sinn der vorliegenden Untersuchungen und Experimente gefragt. Hierauf ist zu antworten, dass er wie in jeder wissenschaflichen Tätigkeit darin zu suchen ist, tiefer in die Gesetzmässigkeiten des Kosmos einzudringen. Hierbei ist der Hauschka-Effekt von besonderem Interesse, da er auf neue, unbekannte Gesetze hinweisen könnte.

6.2 Deutungsmöglichkeiten

6.2.1 Klassische Physik

Unter der klassischen Physik versteht man im allgemeinen den Kenntnisstand der Physik am Ende des 19. Jahrhunderts. In ihren Hauptdisziplinen Mechanik, Akustik, Thermodynamik, Optik und Elektrizitätslehre ist der damalige Wissensstand noch heute unangezweifelte Basis für alle neueren Entwicklungen.

Diese bringen zu den Grundgesetzen Differenzierungen in bezug auf spezielle Details hinzu, verändern aber nicht diese Gesetze selbst.

Die klassische Physik bildet heute auch die Grundlage für alle anderen Naturwissenschaften, die sich an ihrer Methode und an ihren Inhalten zu orientieren suchen. So bauen Biologie, Medizin und die elementare Chemie auf der klassischen Physik auf und versuchen teilweise, ihre Phänomene und Gesetze auf solche der Physik zurückzuführen.

Diese Physik würde durch den Hauschka-Effekt berührt, da er an Grundkonzepten, wie z.B. dem der Massenerhaltung in chemischen Reaktionen, zu rütteln scheint. Man kann sich deshalb die Frage stellen, wie der Hauschka-Effekt vom Standpunkt der klassischen Physik zu beurteilen ist.

In einem ersten Schritt müssen alle möglichen physikalischen Nebeneffekte nochmals sorgfältig bedacht werden; wenn sich keine weiteren als die schon im Kapitel 4 behandelten finden lassen, bleiben zwei Möglichkeiten übrig. Entweder wird das Phänomen als „pathological science" [59] klassifiziert oder nach genauerer Abklärung in den Schatz der Gesetze der Physik aufgenommen.

Im ersteren Fall der „pathologischen Wissenschaft" handelt es sich um eine unbewusste Selbsttäuschung des Experimentators, um subjektive Effekte, die auf reinen Einbildungen beruhen. Kein Forscher ist gegen solche Vorkommnisse völlig gewappnet; aufgrund meiner Kenntnis der Problematik glaube ich jedoch, alles Menschenmögliche zur Vermeidung solcher Effekte getan und das eigene methodische Vorgehen mehrfach kritisch bedacht zu haben. Zur Ausscheidung der Möglichkeit der Selbsttäuschung wäre es von grosser Wichtigkeit, dass sich andere Wissenschaftler des Hauschka-Effektes annehmen. Hierin liegt auch die berechtigte Forderung nach der Reproduzierbarkeit eines Effekts; man muss allerdings beachten, dass es verschiedene Arten von ‚subjektiven' Einflüssen des Experimentators gibt, die eine direkte Reproduzierbarkeit verhindern können, aber nicht alle unter die Kategorie der Selbsttäuschung fallen müssen (vgl. Kap. 6.2.3).

Nach Aussscheidung solcher Fehlermöglichkeiten bliebe nichts anderes übrig, als die bekannten Naturgesetze zu erweitern. Eine Gewichtsänderung ΔF_G einer Masse m liesse sich durch drei Faktoren hervorrufen:

$$\Delta F_G = \Delta m \cdot \Delta g + \Delta F_r. \qquad (6.1)$$

Es könnte sich die Masse ändern (Δm), die Erdbeschleunigung variieren (Δg) oder neue, unbekannte Kräfte F_r wirken.

Im ersten Fall müsste die Möglichkeit der Materieerzeugung durch lebendige Organismen zugelassen werden. Dies ist aber nicht die einzig mögliche ‚Erklärung' für eine Gewichtsvariation. Man könnte genausogut die Auffassung vertreten, dass die Erdanziehungskraft auf lebendige Organismen anders und zeitlich variabel wirkt. Man fühlt sich hierbei an die Überlegungen Goethes zur Ursache der Luftdruckschwankungen erinnert; er postulierte ebenfalls eine differentielle Erdanziehungskraft auf die Luftmassen der Atmospäre [63, Bd. 2, S. 380].

Weiterhin könnte man sich eine völlig neue, unbekannte Kraft F_x vorstellen, welche aus noch zu bestimmenden Richtungen auf Pflanzen wirkt. In allen besprochenen Fällen müssten zusätzlich die Parameter, welche die genaue Effektgrösse und -form steuern, bestimmt werden.

Eine eventuelle Abhängigkeit des Effekts von den Mondphasen, die in unserem Rahmen nicht näher untersucht werden konnte, könnte durch die Hypothese erklärt werden, dass die Mondgravitation selektiv stärker auf Pflanzen wirkt. Da der Hauschka-Effekt in einer Grössenordnung von einem Promille (10^{-4}) der Samenmasse liegt, müsste der Mond auf die totale Kressepflanzenmasse eine tausendfach grössere Anziehung ausüben, weil die normale Modulation der Erdbeschleunigung g durch den Mond in einem Bereich von 10^{-7} liegt. Ob ein solcher Effekt Störungen des gravitativen Erde-Mond-Systems mit sich bringt, wäre noch genauer zu untersuchen. Zeitliche Ausfälle des Effekts könnten durch Hinzunahme weiterer Planetenkräfte erklärt werden.

Eine endgültige Klärung dieser Deutungsfragen könnten nur weitere, ausgedehnte Messreihen und noch zu erfindende Experimente liefern. Dazu gehört z.B. die Klärung der Frage nach der Existenz von Elementumwandlungen in Pflanzen. Bei positivem Resultat müsste das Augenmerk in erster Linie auf eine Erneuerung des Substanzbegriffs gelenkt werden, um Elementumwandlungen und -schöpfungen umfassen zu können.

6.2.2 Moderne Physik

In der physikalischen Umgangssprache versteht man unter der modernen Physik meistens die Ergänzung der klassischen Physik durch die Quantenmechanik und die spezielle Relativitätstheorie. Manchmal wird auch die modernere Physik, welche die Quantenelektrodynamik und allgemeine Relativitätstheorie umfasst, dazu gezählt.

In dieser neueren Physik wurden Grundgesetzmässigkeiten in Bereichen gefunden, welche die klassische Physik noch für unerreichbar hielt; so hat man sich durch die Quantenelektrodynamik und die Teilchenphysik eine gewisse Aufklärung über Vorgänge im Innern der Materie verschafft, auch wenn noch ein grosses Defizit in der philosophischen Aufarbeitung ihrer Resultate besteht. Letzteres stört heute aber kaum; denn man hat sich heute „längst ... abgewöhnt, ... nach dem Wesen irgendeines Grundbegriffs zu fragen" [60, S. 146]. Man folgt damit der Ansicht von Emil Du Bois-Reymond, der schon am Ende des letzten Jahrhunderts in seinem berühmten Vortrag „Über die

Grenzen des Naturerkennens' [61] dem Menschen absolute Erkenntnisgrenzen setzte, indem er Wissen über das Wesen der Materie für völlig unerreichbar hielt.

In der modernen Physik ist man der Ansicht, dass Materie bzw. Masse als Manifestation von allgegenwärtiger kosmischer Energie zu gelten hat[1], welche das ganze Weltall erfüllt. Man spricht von der sogenannten Nullpunktsenergie des Vakuums, welche zahlreiche mikroskopische Auswirkungen hat, sich z.b. im Casimir-Effekt [38, S. 12f.] aber auch makroskopisch manifestieren kann.

Unter bestimmten Umständen können sich Masse und Energie nach der Einsteinschen Masse-Energie-Äquivalenz

$$E = m \cdot c^2 \qquad (6.2)$$

ineinander umwandeln: die Energie E einer Masse m entspricht der Grösse nach dem Produkt der Masse m mit dem Quadrat der Lichtgeschwindigkeit c. Aus der Nullpunktsenergie können virtuelle Teilchen entstehen, die sich innert kurzer Zeit wieder in dem allgemeinen Energiesee auflösen. Die Einsteinsche Formel gilt aber auch für ‚reale' Atome, da sie z.b. die Energiebilanzen beim radioaktiven Zerfall richtig beschreibt. Sie wird heute als allgemeingültig angenommen.

Vor diesem Hintergrund erscheinen zahlreiche Spekulationen möglich. Falls die Gewichtsvariation keimender Samen wirklich auf eine Massenerzeugung oder -vernichtung zurückzuführen ist, müsste der Keimprozess von gewaltigen Energieumsätzen begleitet sein. So entspricht eine Massenänderung von 0.1 mg nach Gleichung 6.2 einem Energieumsatz von $9 \cdot 10^9$ Joule. Wenn sich dieser Prozess in fünf Tagen abspielt, erhält man eine Leistung von etwa 20'000 Watt pro Ampulle; bei 200 Samen verhielte sich jeder Keimling wie eine 100 Watt-Glühbirne.

In grober Näherung kann eine Kresseampulle als schwarzer Körper im strahlungsphysikalischen Sinn aufgefasst werden. Deshalb kann man das Gesetz von Stefan-Boltzmann,

$$J = \sigma \cdot T^4, \qquad (6.3)$$

in welchem die totale Strahlungsintensität J [W/m²] eines Körpers der Temperatur T [Kelvin] mit ihrer vierten Potenz verknüpft wird, auf die Ampulle anwenden. Es ergibt sich, dass die Keimlinge eine Temperatur von rund 2300 °C aufweisen müssten, um die erwähnten 20'000 Watt an Energie abzustrahlen. Da sich eine solche Wärmeentwicklung nicht feststellen lässt, könnte man zu der Spekulation verführt werden, dass die Pflanzen ihre Energie aus der Vakuum-Nullpunktsenergie beziehen bzw. dahin abführen. Ich vermute, dass es kein

---
[1] Eine populäre Darstellung findet sich z.B. in [62].

Problem wäre, einen solchen Effekt über nichtlineare Glieder in die gängigen mathematischen Formeln der Quantenelektrodynamik einzubauen.

Eine weitere spekulative Hypothese gründet sich auf die Drei-Kelvin-Hintergrundsstrahlung, welche vom Urknall unseres Universums herrühren soll. Unter Verletzung des zweiten Hauptsatzes der Thermodynamik könnten Pflanzen dieser Strahlung Energie entziehen und in Masse umwandeln. Dieser Prozess wäre energetisch denkbar, da diese Hintergrundsstrahlung die grösste auf die Erde auftreffende Energie darstellt [39, S.493].

Diese wenigen Beispiele mögen als Illustration dienen, dass der Hauschka-Effekt ohne grössere Probleme in das moderne physikalische Weltbild eingebaut werden könnte. Es sind unzählige Hypothesen und Theorien denkbar, welche als Ausgangspunkt für weitere Spekulationen dienen könnten und in der Folge Generationen von Physikern und Biologen mit Forschungsprojekten in Milliardenhöhe beschäftigen könnten.

6.2.3 Philosophie

Durch die angeführten Argumente und Überlegungen hoffe ich plausibel gemacht zu haben, dass der Hauschka-Effekt ohne grössere Probleme in die etablierte Wissenschaft eingegliedert werden könnte; sei es, dass er bloss auf Messartefakten, physikalischen Nebeneffekten oder reiner Einbildung beruht oder dass er wirklich eine neue Naturgesetzmässigkeit darstellt.

Im letzteren Fall bedingte er auch keine fundamentale Neufassung des Substanzbegriffes der Physik in demjenigen Sinne, wie es sich Rudolf Hauschka erhofft hatte. Ein moderner Wissenschaftler würde kaum R. Hauschkas Auffassung folgen wollen, dass „ein schöpferischer Geist-Kosmos stufenweise die sichtbare Welt erschafft und diese wieder in unmaterielle Daseinsstufen zurücknimmt" [2, S. 21]. Diese Ideen würden in der gegenwärtigen Wissenschaft als weltanschauliches Beiwerk ignoriert, der von ihm gefundene Effekt jedoch mit der althergebrachten reduktionistischen Methodik behandelt und in das anerkannte Gesetzes-System aufgenommen.

Rudolf Hauschkas Versuch, durch Experimente dem Materialismus eine idealistische Weltauffassung entgegensetzen zu wollen, baut zwar wohl auf in gewissem Sinn reale Tatsachen, scheitert aber daran, dass weltanschauliche Vorstellungen nicht durch experimentelle Tatsachen widerlegt werden können. Woran liegt das?

In jeder wissenschaftstheoretischen Richtung entsteht Erkenntnis durch Verbindung eines wahrgenommenen Tatbestandes mit gedanklichen Elementen, oder kürzer formuliert: Erkenntnis entsteht durch die Synthese von Wahrnehmung und Begriff. Wenn eine neue Wahrnehmung X nicht durch das bekannte Begriffssystem G gedeutet werden kann, ist G damit nicht widerlegt, sondern nur unvollständig. G wird aber, um die neue Wahrnehmung X erklären zu können, durch weitere Gesetze G' ergänzt werden müssen. R. Hauschka war sich dieses Tatbestandes offenbar nicht vollständig bewusst, als er die im Kapitel 2.3 zitierten Gedanken niederlegte. Denn der von ihm kritisierte Materialismus G kann einfach durch neue Gedanken G' ergänzt werden, um den Hauschka-Effekt X zu erklären.

Der Materialismus besteht wie jede Weltanschauung aus rein gedanklichen Elementen, welche zur Wahrnehmungswelt hinzugebracht werden, um Erkenntnis zu ermöglichen. Bei diesem Prozess können an zwei Orten Fehler auftreten: entweder im rein logischen Aufbau der Gedanken oder beim Erkenntnisurteil, wenn versucht wird, die Wahrnehmungen in einen bestimmten Gesetzeszusammenhang einzuordnen. Jede Kritik des Materialismus kann nur an diesen zwei Punkten einsetzen; dies gilt allgemein für jedes Begriffssystem und jede Weltanschauung. Neue Wahrnehmungen können nie bestehende Anschauungen widerlegen, höchstens aus diffusen psychologischen Gründen, aber nicht aus sachlichen.

Rudolf Hauschkas experimentelle Vorgehensweise ist in bezug auf die Frage nach dem Primat von Geist und Materie *sinnlos*; die Frage nach der Art der Existenz und nach der begrifflichen Bestimmung des Hauschka-Effekts ist trotzdem ein *interessantes Problem*.

Die zweite Grundfrage dieser Untersuchung (vgl. Kap. 1) muss insofern negativ beantwortet werden, als der Hauschka-Effekt unmittelbar nichts zur Beantwortung des Geist-Materie-Problems beiträgt. Im Folgenden möchte ich auf zwei weitere Fragen eingehen, die sich an die geschilderten Überlegungen anschliessen:

1.) Ist der Materialismus eine berechtigte Weltanschauung? Ist er vom logischen Standpunkt aus richtig, d.h. widerspruchsfrei, wie auch vom gnoseologischen (erkenntnismässigen) Standpunkt aus wahr, d.h. wirklichkeitsgemäss?

2.) Kann der Hauschka-Effekt begrifflich näher gefasst werden?

Der Materialismus

Um sich der ersten Frage nähern zu können, muss zuerst definiert werden, was ‚Materialismus' genannt werden soll. Man kann den heute herrschenden Materialismus so verstehen, dass er sämtliche Inhalte der Welt im Prinzip auf energetisch bestimmte Vorgänge innerhalb der unbelebten Materie zurückführen will; letztere werden mittels mathematischer Gesetze erfasst. Das ‚Zurückführen' kann auch Reduktionismus genannt werden. Der Materie kommt dabei im Rahmen der Alltagsphänomene das Prädikat der Sich-Selbst-Gleichheit, der Unwandelbarkeit und der Ewigkeit zu; mit ihr sollen die Veränderungen, die Vorgänge der Welt im Laufe der Zeit erklärt werden. Dass sich Materielles gemäss heutiger Ansicht in ‚immaterielle' Energie verwandeln kann, ist in Bezug auf die folgende Argumentation irrelevant.

Die drei Zentralideen des Materialismus sind die sich selbst gleichbleibende *Materie*, der *reduktionistische Ansatz* und als höchstes Ziel die Angabe von rein *quantitativen* Gesetzmässigkeiten. Diese Ideen sind selbst ideeller, d.h. gedanklicher Natur; sie gehören damit zu dem, was der Mensch der Natur entgegenbringt, was ihm nicht unmittelbar von ihr selbst angeboten wird.

Der so definierte Materialismus ist damit selbst eine Weltanschauung, auch wenn dies implizit durch die Herabwürdigung anderer Ideen zu „Weltanschauungen" oft abgestritten wird. Durch ihre Definition als *Begriffssystem* ist eine Weltanschauung aber gar nichts ‚Schlimmes', sondern die einzige Möglichkeit, wie sich der Mensch überhaupt mit den ihn umgebenden Wahrnehmungen in Verbindung setzten kann. Die Frage ist allein die, ob dieses Begriffssystem richtig gewählt ist. Dazu muss dieses System erstens logisch widerspruchsfrei sein und zweitens den beobachteten Tatsachen entsprechen, d.h. die Begriffe müssen in sich schlüssig sein und die Wahrnehmungen untereinander und mit ihnen selbst verbinden.

Ist der Materiebegriff des Materialismus wirklich ein *Begriff* oder nur eine logisch und gnoseologisch inkonsistente *Vorstellung*?

Die Materie soll alle anderen Naturphänomene erklären, insbesondere die ‚subjektiven' Wahrnehmungen des Menschen, wie z.B. Farben und Töne. Normalerweise wird sie dazu mit sinnlichen Eigenschaften wie Masse und Ausdehnung belegt. Mittels dieser sollen alle anderen Erfahrungen des Menschen ‚erklärt', d.h. auf sie zurückgeführt werden. Eine solche einseitige Rückführung ist aber durch überhaupt nichts gerechtfertigt; es gibt keinen beobachtbaren Grund, der zu einer Spaltung der Sinnesqualitäten in primäre und sekundäre Anlass geben könnte. Zusätzlich ist eine Rückführung eines Wahrnehmungsbereiches auf einen anderen (z.B. Töne auf mechanische Schwingungen, d.h. Bewegungsvorgänge der Luft) aus prinzipiellen Gründen unmöglich, da jeder Wahrnehmungsbereich von einem anderen *qualitativ völlig verschieden* ist: *ein Ton ist etwas anderes als eine Bewegung*. Nie kann das eine auf das andere reduziert werden; es können höchstens Zusammenhänge von Erscheinungen in beiden Bereichen konstatiert und begriffen werden.

Um wirklich *alle* Wahrnehmungen des Menschen ‚erklären' zu können, dürfte die Materie selbst *keinerlei* Eigenschaften aus dem Wahrnehmungsbereich des Menschen aufweisen; sie müsste völlig eigenschaftslos sein. Sie wäre ein *reines Nichts*. Daraus folgt, dass dem Menschen die Materie selbst prinzipiell unzugänglich sein müsste; damit könnte er sie auch nicht erkennen. Der Mensch stünde vor einer prinzipiellen Erkenntnisgrenze. Eine solche Materie ist eine reine Hypothese, die aus in ihr selbst liegenden Gründen weder verifiziert noch falsifiziert werden kann. Solche Hypothesen sind unberechtigt; es handelt sich um *reine Gedankengespinste*. Zudem ist eine solche Materie logisch widersprüchlich: obwohl sie keinerlei Eigenschaften aufweisen darf, soll sie doch die Eigenschaft haben, alle sinnlichen Wahrnehmungen zu erklären. Dies ist ein weiterer logischer Widerspruch, der diesen Materiebegriff vernichtet.

In analoger Weise können auch die beiden anderen Grundideen des heutigen Materialismus, der Reduktionismus und die Beschränkung auf rein mathematische Gesetze, ad absurdum geführt werden.

Mit dieser immanent-logischen Kritik des gängigen Materiebegriffs ist sein widersprüchlicher Charakter enthüllt. *Damit fällt der gesamte Materialismus in sich zusammen.* Der Materialismus kann durch wenige, relativ einfache Gedankengänge widerlegt werden; ein grösserer experimenteller Aufwand ist dazu nicht vonnöten.

6.2.4 Universalienrealismus

Nachdem sich der Materialismus als unfähig erwiesen hat, dem Menschen über das Wesen der Welt Aufklärung zu verschaffen, stellt sich die Frage, ob es eine andere Weltanschauung gibt, die logisch widerspruchsfrei ist, den Phänomenen der Welt gerecht wird und sich zudem erkenntniswissenschaftlich vorurteilslos begründen lässt.

Das einzige mir bekannte Begriffssystem, das diese Forderungen erfüllt, ist der Universalienrealismus. Als Vereinigung von Aristotelismus und Platonismus in der mittelalterlichen Scholastik ausführlich diskutiert, fand er erst durch R.Steiner [50] gegen Ende des 19. Jahrhunderts seine erkenntniswissenschaftliche Begründung. Der Universalienrealismus ist die wissenschaftliche Grundlage der Anthroposophie [54].

Alle anderen mir geläufigen Weltanschauungen, wie z.B. der Kantianismus, die Lehren von Hume und Berkeley, alle reduktionistischen Monismen oder auch die Lehren von Popper sind entweder logisch widersprüchlich oder weisen Vorurteile in der erkenntniswissenschaftlichen Begründung auf.

Der Universalienrealismus ist eine monistische Philosophie; für ihn sind Begriff und Wahrnehmung an sich in Einheit und treten nur für den Menschen getrennt auf. Den Begriffen wird die Eigenschaft zugeschrieben, potentiell inhaltlich identisch mit den in der Natur wirkenden Gesetzen zu sein; für den Universalienrealismus existieren keine prinzipiellen Erkenntnisgrenzen.

In der Anwendung auf die Naturwissenschaft ergeben sich spezielle methodische Prinzipien, die teilweise schon von J.W. von Goethe und G.W.F. Hegel entdeckt wurden. Ihr wichtigstes Element ist der Verzicht auf eine reduktionistische Begriffsbildung und auf unberechtigte Hypothesen. Genaueres findet man in J.W. von Goethes Naturwissenschaftlichen Schriften [63], in G.W.F. Hegels Philosophie [64] und in R. Steiners naturphilosophischen Grundwerken

[48].

Für eine Erklärung des Hauschka-Effekts muss sein Zusammenhang mit anderen Phänomenen und Naturgesetzen bestimmt werden. Dazu müssten diese inhaltlich bekant sein. Da aber heute weder die Anorganik noch die Organik im Goethe-Hegel-Steinerschen Sinn hinreichend differenziert entwickelt sind, ist eine fundierte Erklärung des Hauschka-Effekts nicht möglich. Es könnte durchaus sein, dass eine der Spekulationen aus Kapitel 6.2.1 oder 6.2.2 einen wahren Kern aufweist; solange aber die Rolle der bekannten Naturgesetze in einer neuen Naturwissenschaft unbestimmt ist, können darüber keine wissenschaftlich fundierten Aussagen gemacht werden.

Es soll deshalb an dieser Stelle nur auf einige Punkte aufmerksam gemacht werden, die eventuell für eine zukünftige Erklärung der von R. Hauschka entdeckten Gewichtsvariationen vonnöten sind.

Normalerweise fragt man bei einem neuen, unbekannten Phänomen sofort nach dessen *Ursache*. Man ist sich dabei in den wenigsten Fällen bewusst, dass man das Phänomen aus Gewöhnung als *Wirkung* interpretiert und dabei die Anwendbarkeit der Kategorie der Ursächlichkeit ungeprüft voraussetzt. Hinzu kommt, dass meistens nur der Spezialfall der anorganischen Kausalität oder der Wirkursache betrachtet wird. Ich möchte deshalb an dieser Stelle den allgemeinsten Begriff von Ursächlichkeit definieren und mehrere Spezialfälle daraus ableiten.

Man betrachte zwei beliebige Elemente A, B der physischen, seelischen oder geistigen Welt. A und B stehen in einem *Kausalverhältnis*, wenn A notwendig für die Erscheinung von B ist. A wird dann als *Ursache*, B als *Wirkung* bezeichnet. Dieser Kausalitätsbegriff ist in seiner Allgemeinheit unabhängig von weiteren Begriffen wie z.B. Zeit, Determiniertheit usw.; er kann jedoch durch zusätzliche Bestimmungen zu verschiedenen Formen spezifiziert werden.

So ist ein physischer Vorgang B durch A *kausal determiniert*, wenn A physisch existiert, wenn die Erscheinung von B durch A *genau* festgelegt (determiniert) ist und wenn A hinreichend für das Erscheinen von B ist, d.h., dass B erscheinen *muss*, wenn die Bedingungen A vorhanden sind. Dieser Spezialfall der Kausalität ist im Bereich der reinen Anorganik anwendbar; genauer müsste man sagen, dass man denjenigen Teil der Natur als Anorganik bezeichnet, welcher obigem Kausalitätsverhältnis gehorcht.

Neben der anorganischen Determiniertheit sind viele weitere Kausalitätsverhältnisse möglich; man denke z.B. an die verschiedenen *causae* (Ursachen) der Scholastiker. Unter ihnen findet man die Wirkursache (causa efficiens), die Gesetzesursache (causa formalis), die Zielursache (causa finalis) und die Gelegenheitsursache (causa occasionalis). Bei der Gesetzesursache wird beispielsweise das Gesetz einer Erscheinung als notwendige Voraussetzung für letztere betrachtet; bei der Gelegenheitsursache ist die Ursache A zwar nötig, kann aber in gewissen Grenzen durch eine andere Ursache A' ersetzt werden, ohne dass sich die Erscheinung B änderte.

Es ist in keiner Weise vertretbar, ein Phänomen, welches nicht dem Spezialfall der anorganischen Kausalität gehorcht, als nicht wissenschaftlich erforschbar oder erkennbar zu bezeichnen; denn in der Anwendung des entsprechend modifizierten Kausalitätsbegriffs liegt der Beginn der Erkenntnis des betreffenden Phänomens. Diese Erkenntnis unterscheidet sich ihrer allgemeinen Form nach nicht von einer anorganischen Erkenntnis, da sie ebenfalls dem allgemeinen Erkenntnisbegriff als wahrheitsgemässe Synthese von Wahrnehmung und widerspruchslosem Begriff unterliegt. So stellt z.B. ein rein geistiger Willensakt die eindeutige Ursache für die Erscheinung eines Begriffes dar; als weitere Ursache kann der physische Leib betrachtet werden, ohne den die Bewusstwerdung des Begriffes nicht möglich wäre.

Ein Phänomen der Anorganik ist genau dann *reproduzierbar*, wenn die Bedingungen A in ihrer Ganzheit durch den Menschen kontrolliert oder bestimmt werden können; es stellt einen Spezialfall der anorganischen Determiniertheit dar.

Wenn ein Phänomen nicht streng reproduzierbar ist, bedeutet das ebenfalls nicht, dass es nicht wissenschaftlich erforschbar wäre. Seine Erkennbarkeit ist durch den allgemeinen Erkenntnisbegriff gesichert; einzig gewisse Erkenntnismethoden der Anorganik sind nicht anwendbar. Ein nicht reproduzierbares Phänomen ist ebenfalls nicht automatisch ‚subjektiv': Objektivität und Reproduzierbarkeit sind zwei nicht zusammenfallende Begriffe.

Objektiv bzw. *subjektiv* wird am sinnvollsten durch ‚zum Objekt bzw. Subjekt gehörig' definiert. Die Anwendung dieser Begriffe auf die dem Menschen gegebenen Erscheinungen zeigt [50], dass allein die *Erscheinungsform* im Menschen als subjektiv bezeichnet werden kann. *Jeder* Vorgang, sei es eine Wahrnehmung, ein Begriff oder eine Halluzination, weist einen objektiven *Inhalt* in dem Sinne auf, dass er als ein Gegebener vom Subjekt als Erscheinungsort unterschieden werden muss. In welchem konkreten Bezug dieser Inhalt mit der Sinnes-, Seelen- oder Geisteswelt steht, stellt ein Erkenntnisproblem dar, das von der Bestimmung des Inhalts als objektivem zu unterscheiden ist. Eine Halluzination ist im Moment des Auftretens nicht weniger objektiv als irgendeine normale Wahrnehmung; erst im Nachhinein stellt sich durch begriffliche Erwägungen heraus, dass ihr Inhalt nicht aus der aktuell anwesenden Sinneswelt stammte, sondern z.B. aus Phantasievorstellungen zusammengesetzt wurde. Eine Halluzination ist als Repräsentant der sinnlichen Umgebung unwahr, weist aber trotzdem objektive Inhalte der Seelenwelt auf. Wenn letzteres nicht der Fall wäre, käme man gar nie auf die Idee, sie als Element der sinnlichen Wahrnehmung zu deuten.

Es gibt Vorgänge in der uns umgebenden Welt, die nicht oder nicht immer

‚reproduzierbar' sind. Sie weisen aber trotzdem einen objektiven Inhalt auf und sind dadurch wissenschaftlich erforschbar, dass der ihnen entsprechende Begriff gesucht wird.

In der Anorganik tritt das Phänomen der Nichtreproduzierbarkeit auf, wenn nicht alle Parameter, welche die Erscheinung bestimmen, bekannt oder kontrollierbar sind; man denke z.b. an die Meteorologie. Durch bewusste Variation oder genaue Protokollierung der Umweltbedingungen im Experiment kann die Quelle der Nichtreproduzierbarkeit bestimmt und als weiterer Parameter in das betreffende Naturgesetz aufgenommen werden. Das Experiment ermöglicht damit exakte Erkenntnis – dank der deterministischen Kausalität der Anorganik.

Die Organik wird unter anderem dadurch bestimmt, dass die inneren und äusseren physischen Umweltbedingungen [53] eine Erscheinung nicht vollständig bestimmen, sondern nur Schranken setzen, welche eine gewisse Variabilität im Phänomen erlauben. Man hat es darüberhinaus mit weiteren, nicht-sinnlichen Faktoren zu tun, welche die Erscheinung im Detail festlegen. Man denke in diesem Zusammenhang an die verschiedenen Phänotypen, die bei gleichen äusseren und inneren Umweltbedingungen, d.h. bei identischem genetischen Material entstehen können, oder an die Möglichkeit der Veränderung der Erbsubstanz durch das Lebewesen selbst [55]. Die sinnliche Umgebung wirkt kausal auf ein Lebewesen ein, aber nicht im anorganischen Sinn, da die Erscheinung dadurch nicht vollständig festgelegt wird; man kann von einer systemimmanenten Nichtreproduzierbarkeit sprechen. Aus diesem Grund kann das Experiment in der Organik nie die gleiche Rolle spielen wie in der Anorganik, da durch Experimentieren nie Sicherheit über die Ursache einer Änderung der Erscheinung erlangt werden kann. Mit Hilfe der Statistik können zwar Wahrscheinlichkeitsaussagen über eine Mitwirkung gewisser Parameter gefällt werden; endgültige Erkenntnissicherheit wird aber so nie erreicht. An diesem Punkt muss eine andere Erkenntnismethodik als die der Anorganik aufgegriffen werden, nämlich die *Entwicklung* des Einzelphänomens aus dem Typus, wie sie von J.W. von Goethe [63] und R. Steiner [48] angeregt wurde. Experimente und Statistik können in der Organik nur den Sinn haben, dass sie auf Umweltfaktoren aufmerksam machen können, die bei der Erscheinung von Organismen mitwirken. Um einen speziellen Organismus zu erkennen, muss er *nach* seiner Erscheinung aus dem Typus und den entsprechenden Bedingungen entwickelt werden; nie kann er in seiner Vollständigkeit im voraus bestimmt werden. Sobald letzteres möglich ist, handelt es sich nicht um einen Organismus, sondern um einen Mechanismus.

Es gibt Naturvorgänge, bei denen der Mensch in bestimmter Weise mitwirken muss, damit sie zur Erscheinung kommen können. Bekannte Beispiele sind das Denken und das aktive Vorstellen, weniger alltägliche, aber auch umstrittene Psychokinese oder Magie. Wie oben abgeleitet, sollten solche Vorgänge nicht mit dem Prädikat ‚subjektiv' belegt oder mit Schlagworten ins Lächerliche gezogen werden. Ich bin der Ansicht, dass man sich dadurch ein Gebiet menschlicher Wirksamkeit von vornherein verschliesst, welches in Zukunft an Bedeutung gewinnen wird. Sehr wahrscheinlich besteht sogar ein Grossteil der medizinischen Heilkunst gerade darin, krankhafte Organprozesse unter aktiver Mitwirkung zweier Menschen wieder in den Gesamtplan des Organismus einzugliedern. Auch bei diesen Prozessen wird man der Nichtreproduzierbarkeit auf Schritt und Tritt begegnen; eine detaillierte Erkenntnismethodik wäre für dieses Gebiet der Natur erst noch zu entwickeln.

Kapitel 7

Zusammenfassung

Auf dem Hintergrund einer Darstellung von Rudolf Hauschkas Wägeversuchen wird in der vorliegenden Arbeit untersucht, ob sich die von Rudolf Hauschka beobachteten Gewichtsvariationen von keimenden Pflanzen im geschlossenen System auch von anderen Menschen nachweisen lassen.

Eine hierfür notwendige Abklärung von möglichen Nebeneffekten, welche Gewichtsvariationen durch bekannte physikalische Vorgänge hervorrufen könnten, fördert keine Fehlerquellen zutage, die nicht korrigierbar, entdeckbar, vermeidbar oder vernachlässigbar wären.

In den eigenen Untersuchungen ergaben sich in der Tat in etwa 30 Prozent der Experimente signifikante Gewichtsvariationen, welche mit an Sicherheit grenzender Wahrscheinlichkeit nicht durch die betrachteten Nebeneffekte erklärt werden können. Letzteres gilt im wesentlichen auch für R. Hauschkas Experimente der Nachkriegszeit.

Unter der Berücksichtigung von Replikationsversuchen anderer Wissenschaftler, die zum Teil die Ergebnisse von R. Hauschka nicht bestätigen konnten, ergibt sich das Problem, die Erscheinungsbedingungen des Phänomens zu bestimmen. Die hierzu durchgeführten Experimente lassen jedoch keine eindeutigen Schlüsse zu.

Einer näheren begrifflichen Betrachtung der Phänomene ergeben sich die folgenden Tatsachen:

Die beobachteten Gewichtsvariationen stellen entweder ein neues Naturgesetz dar oder lassen sich durch mir nicht bekannte physikalische Effekte erklären; die Wahrscheinlichkeit für letzteres ist aber sehr gering.

Die Deutung des Hauschka-Effekts als Materieerzeugung oder -vernichtung stellt nicht die einzige Verständnismöglichkeit dar. Weitere Hypothesen sind denkbar, wie z.B. eine Erdanziehungskraft, die verschieden auf Gegenstände anorganischer und organischer Natur wirkt. In Bezug auf R. Hauschkas weitergehende Schlussfolgerungen muss festgehalten werden, dass die betrachteten

Experimente vorläufig nichts zur Beantwortung der Frage nach dem Primat von Geist oder Materie beitragen.

Die Denkmöglichkeit eines objektiven, aber nicht kausal determinierten oder streng reproduzierbaren Phänomens wird nachgewiesen. Eine wahrheitsgemässe Deutung des Effekts ist jedoch erst möglich, wenn sowohl Anorganik wie Organik im Goethe-Hegel-Steinerschen Sinn hinreichend differenziert entwickelt sind.

Zur vollständigen Aufklärung des Hauschka-Effekts wären sowohl weitere experimentelle Arbeiten als auch wissenschaftsphilosophische Studien auf universalienrealistischer Grundlage notwendig. Wenn solche durch die vorliegende Arbeit angeregt werden, ist ihr Sinn erfüllt.

Nachwort

Ich möchte zum Abschluss einige mir wichtige Gedanken noch einmal erwähnen. Es ist von grosser Bedeutung einzusehen, dass die Anthroposophie oder die ihr zugrunde liegende idealistische Philosophie auf keinerlei Art und Weise im gängigen Sinn experimentell bewiesen werden kann, sondern in erster Linie eine Angelegenheit der richtigen und den Beobachtungen angemessenen *Begrifflichkeit* ist. Die *wissenschaftliche* Bedeutung von R. Steiners Werk liegt nicht primär darin, dass er oder seine Epigonen irgendwelche neuen Naturkräfte entdeckt haben, sondern in der vorurteilslosen Begründung des Universalienrealismus und in der Anregung von individuellsten Wegen, auf denen der Mensch bewusst und selbstständig zur kraftenden Gesetzeswelt finden kann.

Trotzdem darf man sich in den experimentellen Naturwissenschaften dem Gedanken nicht verschliessen, auf völlig neuen Wegen nach Gesetzmässigkeiten zu suchen, die ein neues Verhältnis des Menschen zum Geisteskosmos aufbauen könnten, welches sich notwendig auf die aktive menschliche Mitarbeit stützt. So könnten Gesetze bzw. Wesen auf der Erde zur Erscheinung kommen, die dies ohne den Menschen nicht vermöchten. Ich will damit nicht suggerieren, dass der Hauschka-Effekt etwas mit einem solchen Prozess zu tun hat; aber man muss sich der Denkmöglichkeit eines solchen Naturvorgangs bewusst sein.

Die ersten Schritte auf einem solchen Weg in eine neue, noch nie dagewesene Zukunft geht der Mensch schon in der ‚normalen' Wissenschaft und in der Kunst. In der Wissenschaft erscheinen durch den Denk- und Erkenntnisprozess Wesenheiten in Begriffs- und Vorstellungsform; dies können sie nur dank des Menschen Denkaktivität. In der Kunst bringt der Mensch ebenfalls Gesetzmässigkeiten zur Erscheinung, die ohne seine Tätigkeit kaum je eine physische Repräsentanz erlangen würden.

Es würde mich mit Freude erfüllen, wenn sich weitere Persönlichkeiten dazu entschliessen könnten, die geschilderten Versuche in dieser oder ähnlicher Form aufzugreifen. So könnte man der Frage nach der Natur des Hauschka-Effekts tiefer auf den Grund gehen, um eines Tages entscheiden zu können, ob Rudolf Hauschka wirklich ein neues wissenschaftliches Zeitalter eingeläutet hat oder ob seine Ergebnisse auf Messfehlern oder reiner Einbildung beruhen.

In diesem Zusammenhang möchte ich auch an die vielen begonnenen Arbeiten auf dem steinigen Gebiet der anthroposophischen Naturwissenschaft hinweisen: von der Potenzforschung bis zur Landwirtschaft liegen Arbeitsansätze vor, über deren Wiederaufnahme, Fortführung oder Beerdigung eingehend zu diskutieren wäre. Ich möchte daher anregen, die Diskussion über die bekannten Arbeiten zu intensivieren; insbesonders möchte ich auch für eine neue Offenheit und Toleranz plädieren. Die vorliegende Arbeit möchte als Beitrag in dieser Richtung verstanden werden.

Zum Abschluss möchte ich all denjenigen Persönlichkeiten danken, welche mir bei der Durchführung dieses Forschungsprojektes mit Rat und Tat zur Seite standen. In alphabethischer Reihenfolge möchte ich mich bei P. Kizler, R. Mandera, C. Messmer, G. Unger und R. Ziegler fürs Korrekturenlesen und kritische fachliche Diskussionen bedanken; für die Unterstützung mit technischer Ausrüstung bei M. Bogdahn sowie den Firmen Mettler AG, Nänikon-Uster, und IG Instrumenten-Gesellschaft AG, Zürich. Dank für finanzielle Unterstützung gebührt P. Naef und dem Mathematisch-Physikalischen Institut, Dornach; mit sonstigen Hilfestellungen, auch bei der Beschaffung von Dokumenten und Nachlässen, waren mir K. Lohse, I. Marbach, M. Mewes, A. Raymond, M. Schüpbach und J. Wirz behilflich.

Literaturverzeichnis

[1] Hauschka, Rudolf: Substanzlehre. Frankfurt a. Main 1981 (8. Auflage).

[2] Hauschka, Rudolf: Heilmittellehre. Frankfurt a. Main 1978 (3. Auflage).

[3] Hauschka, Rudolf: Ernährungslehre. Frankfurt a. Main 1979 (7. Auflage).

[4] Der wissenschaftliche Nachlass von R. Hauschka wurde mir in verdankenswerter Weise von Frau R. Marbach zugänglich gemacht. Gewisse Teile befinden sich als Kopie in meinem Besitz.

[5] Cloos, Walther: Notwendige Kritik. Die Drei, 21. Jahrgang, Heft 3, Mai/Juni 1951.

[6] Private Mitteilung von Prof. Dr. G. Hildebrandt, Universität Marburg an der Lahn, vom 28.4.1987.

[7] Kochsiek, Manfred: Handbuch des Wägens, Braunschweig 1985.

[8] Gast, Th.: Konstruktive und systemtechnische Massnahmen zur Korrektur systematischer Fehler bei Waagen. Konstruktion 29 (1977) 6, 231-235.

[9] Almer, H.E.: National Bureau of Standards One Kilogram Balance NBS No. 2. J. Res. Nat. Bur. Stand. 76C (1972) 1+2, 1-10.

[10] Schubart, B.: Arbeitsprinzipien moderner Präzisions- und Analysenwaagen. feinwerktechnik 77 (1973) 5, 225-228.

[11] Hente, B. und Seiler, E.: Zum Einfluss elektromagnetischer Störungen auf Waagen mit elektronischen Einrichtungen. PTB-Mitteilungen 88 (1978) 6, 398-402.

[12] Kohlrausch, F.: Praktische Physik. Stuttgart 1985/86 (23. Auflage). 3 Bände.

[13] Kohlrausch, F.: Praktische Physik. Leipzig 1950 (20. Auflage).

[14] DIN 8120, Teil 1, 2 + 3: Begriffe im Waagenbau, Juli 1981.

[15] Perez y Yorba, M.: Deterioration of stained glass by atmospheric corrosion and micro-organisms. J. Mat. Sci. 15 (1980) 1640-1647.

[16] Oberlies, F. und Pohlmann, G.: Einwirkung von Mikroorganismen auf Glas. Naturwiss. 45 (1958) 20, 487.

[17] Frischat, G.-H.: Reaktionen zwischen wässrigen Lösungen und Glasoberflächen. In: Physikalische Chemie der Glasoberfläche, Wissenschaftliche Beiträge der Friedrich-Schiller-Universität, Jena 1984.

[18] Novotny, V.: Einfluss der Oberflächenbeschädigung von Flachglas auf seine Festigkeit. In: Physikalische Chemie der Glasoberfläche, Wissenschaftliche Beiträge der Friedrich-Schiller-Universität, Jena 1984.

[19] Rauch, F.: Applications of Ion-Beam Analysis to Solid-State Reactions. Nucl. Instr. Meth. Phys. Res. B10/11 (1985), 746-750.

March, P. and Rauch, F.: Hydration of Soda-Lime Glasses Studied by Ion-Induced Nuclear Reactions. Nucl. Instr. Meth. Phys. Res. B15 (1986), 516-519.

Schreiner, M. et al.: Surface analytical investigations of leached potash-lime-silica glass. Fresenius Z. Anal. Chem. 333 (1989), 386-387.

[20] Ernsberger, F.M.: Properties of glass surfaces. Ann. Rev. Mater. Sci. 2 (1972), 529-572.

[21] Stevels, J.M.: The Structure and the Physical Properties of Glass. Handbuch der Physik, Band XIII: Thermodynamik der Flüssigkeiten und Festkörper, S.616-623. Berlin 1962.

[22] Alpert, D.: Production and Measurement of Ultrahigh Vacuum. Handbuch der Physik, Band XII: Thermodynamik der Gase, S.634. Berlin 1958.

[23] Kühne, Klaus: Werkstoff Glas. Berlin 1984.

[24] Scholze, Horst: Bedeutung der ausgelaugten Schicht für die chemische Beständigkeit. Glastechn. Ber. 58 (1985) 5, 116-124.

[25] Scholze, Horst: Glas. Natur, Struktur und Eigenschaften. Berlin 1988 (3. Auflage).

[26] Robens, Erich: Wägefehler durch Adsorption an den Gewichten. wägen + dosieren 5 (1981), 188-194.

[27] Sandstede, G.: Gravimetrische Bestimmung der Gassorption mit Hilfe einer elektronischen Mikrowaage. Chemie-Ing.-Techn. 32 (1960) 6, 413-417.

[28] German, S. und Kochsiek, M.: Darstellung und Weitergabe der Masseneinheit Kilogramm in der Bundesrepublik Deutschland. wägen + dosieren 8 (1977), 5-12.

[29] Gehrtsen, Kneser, Vogel: Physik. Springer, Berlin 1982.

[30] Gläser, M.: Response of Apparent Mass to Thermal Gradients. Metrologia 27 (1990), 95-100.

[31] Holland, L.: The Properties of Glass Surfaces. London, 1964.

[32] Bergmann-Schaefer, Lehrbuch der Experimentalphysik, Band 1 (Mechanik, Akustik, Wärme). Berlin 1974 (9. Auflage).

[33] Hensel, H.: private Mitteilung an R. Hauschka vom 2.12.1958. Nachlass von R. Hauschka [4].

[34] Koranyi, G.: Surface Properties of Silicate Glasses; Budapest: Akademiai Kiado 1963, S. 29 ff.

[35] Preuss, Wilhelm H.: Geist und Stoff. Oldenburg 1899 (2.Auflage). Diejenigen Textstellen, welche sich auf Herzeele beziehen, wurden von Rudolf Hauschka in [1] abgedruckt. Im Reprint des Buches von W. H. Preuss im Verlag Freies Geistesleben (Stuttgart 1980) wurden diese nicht aufgenommen.

[36] Herzeele, A.: Einige Tatsachen, aus denen die Entstehung der unorganischen Stoffe abgeleitet werden kann. Berlin 1876.

Herzeele, A.: Die vegetabilische Entstehung des Phosphors und des Schwefels. Berlin 1880.

Herzeele, A.: Die vegetabilische Entstehung des Kalks und der Magnesia nebst einer vorläufigen Mitteilung über die Entstehung des Kalis und des Natrons. Berlin 1881.

Herzeele, A.: Weitere Beweise für die vegetabilische Entstehung der Magnesia und des Kalis. Berlin 1883.

Alle vier Werke sind in [1] abgedruckt; die Seitenangaben beziehen sich auf diese Ausgabe.

[37] Rinck, E.: Verification du principe de Lavoisier sur des graines en voie de germination. Comptes rendus des seances de l'Academie des Sciences 224 (1947), 835-837 und 225 (1947), 874.

[38] Schubert, J.: Physikalische Effekte. Weinheim 1984.

[39] Voigt, H.H.: Abriss der Astronomie. Mannheim 1980.

[40] Ich beziehe mich hier einerseits auf den Brief [33] und andererseits auf Gespräche und Korrespondenz mit den Herren H.-J. Scheurle, F. A. Kipp, G. Husemann, J. Bockemühl, G. Hildebrandt und G. Unger.

[41] Persönliche Mitteilung vom 27.2. und vom 18.10.1991.

[42] Brief von A. Faussurier an R. Hauschka, 21.4.1952. Nachlass von R. Hauschka [4].

[43] Persönliche Mitteilung vom 16.11.1990. Der französische Originaltext wurde von mir ins Deutsche übertragen.

[44] Brief von R. Sachtleben an R. Hauschka, 12.12.1937. Nachlass von R. Hauschka [4].

[45] Siehe z.B. Kervran, C.L.: Preuves en Biologie de Transmutations a faible Energie. Paris 1975.

[46] Persönliche Unterredung vom 16.5.1991.

[47] Persönliche Mitteilung vom 4.4.1991.

[48] Hier sind in erster Linie diejenigen philosophischen Grundwerke R. Steiners zu erwähnen, welche sich auch auf die Naturwissenschaft im speziellen beziehen: [49] und [51] .

[49] Steiner, Rudolf: Grundlinien einer Erkenntnistheorie der Goetheschen Weltanschauung. Dornach, 1979 (7. Auflage).

[50] Steiner, Rudolf: Wahrheit und Wissenschaft. Dornach 1980 (5. Auflage).

[51] Steiner, Rudolf: Einleitungen zu Goethes Naturwissenschaftlichen Schriften. Dornach 1987 (4. Auflage).

[52] Steiner, Rudolf: Goethes Weltanschauung. Dornach 1963.

[53] Steiner, Rudolf: Über den Gewinn unserer Anschauungen von Goethes naturwissenschaftlichen Arbeiten durch die Publikationen des Goethe-Archivs. Goethe-Jahrbuch 12 (1891), 190-210. Abgedruckt in: Steiner, Rudolf: Methodische Grundlagen der Anthroposophie, S. 265-287. Dornach 1989.

[54] Schneider, P.: Einführung in die Waldorfpädagogik. Stuttgart 1987.

[55] Tonegawa, S.: Somatic Generation of Antibody Diversity. Nature 302 (1983), 575-581.

Heusser, P.: Das zentrale Dogma nach Watson und Crick und seine Widerlegung durch die moderne Genetik. Verhandl. Naturf. Ges. Basel 99 (1989), 1-14.

[56] Husemann, F. und Wolff, O.: Das Bild des Menschen als Grundlage der Heilkunst. Band 1,2 und 3; Stuttgart 1991, 1991, 1986.

[57] Spessard, Earle A.: Light-Mass Absorption during Photosynthesis. Plant Physiology 15 (1940), 109 - 120.

[58] Spessard, Earle A.: Light-Mass Absorption during Photosynthesis II. Unveröffentlichtes Manuskript.

[59] Langmuir, Irving: Pathological Science. Vortrag vom 18.12.53 im General Electric's Knolls Atomic Power Laboratory. Herausgegeben und veröffentlicht von Robert N. Hall in: Physics Today, Oktober 1989, S.36-48.

[60] Jost, R.: Das Wesen von Materie und Kraft. Vierteljahrsschrift der Naturforschenden Gesellschaft in Zürich (1983) 128/3: 145-165.

[61] Du Bois-Reymond, Emil: Über die Grenzen des Naturerkennens. Leipzig 1882 (5. Auflage).

[62] Rafelski, J. und Müller, B.: Die Struktur des Vakuums. Thun 1985.

[63] Goethe, J.W. von: Naturwissenschaftliche Schriften, Hrsg. Rudolf Steiner, 1.-5. Band. Dornach 1975 (3. Auflage).

[64] Hegel, G.W.F.: Enzyklopädie der philosophischen Wissenschaften I, II, III. Frankfurt a. M. 1986.

Register

A
Ablesegenauigkeit (s. Waage)
Absolutwägung 48ff.
Adams, George 42
Adsorption (s. Wasserhaut)
Agar-Agar 113
Albedo 60
Algen 38ff., 124
Ampulle 10ff., 27f., 36ff., 41, 83ff., 123
Artefakte 29, 62ff., 77
Druckänderung, interne 74, 77, 99ff.
Nebeneffekte 77ff.
Expansionskorrektur 99ff., 115ff.
Analysenwaage 47
Anthroposophie 133, 140
Auftrieb 11, 28, 45, 49, 50ff., 75f.
Auftriebskorrektur 18f., 28, 37, 51ff., 96f.

B
Bakterien 40, 73
Balkenwaage 47
Bedeutung (s. Deutung)

C
Chemisorption 70f.
Cloos, Walther 3

D
Deionisator 55
Desintegration, chemische (s. Glas)
Deutung 4, 33ff., 39f., 43, 45, 125ff.
Anorganik 82, 134ff.
Begriffsbildung 4, 45, 130ff.
Determinismus 134ff.
Drei-Kelvin-Strahlung 130
Energie-Masse-Äquivalenz 39f., 129f.
Erkenntnis 4, 45, 130f., 135ff.
Gravitation 127f.
Jahreszeitenabhängigkeit 14ff., 27ff.
Kausalverhältnis 134ff.
Konstellationsabhängigkeit 8ff., 14ff., 27ff., 128
Materialismus 4f., 33f., 130ff.
Meteorologieabhängigkeit 28f., 34f.
Objektivität 82, 135f.
Organik 82, 136f.
Personengebundenheit 18ff., 82, 137
Philosophie 130ff.
Physik, klassische 126ff.
Physik, moderne 126, 128ff.
Quantität 121, 132
Realität 125
Reduktionismus 130ff.
Reproduzierbarkeit 14, 17, 28f., 36ff., 82, 135ff.
Selbsttäuschung 88, 127
Subjektivität, 82, 135f.
Universalienrealismus 133ff.
Vakuum-Nullpunktsenergie 129f.
Vorurteilslosigkeit 4, 126, 131ff.
Weltanschauung 130ff.
Widerlegung 43f.
Widerspruchsfreiheit 131ff.
Differenzwägung
(s. Relativwägung)

Diffusion 39, 67ff., 71ff., 77ff.
Diffusionskonstante 68f., 72
Drift 48, 56, 58ff., 96

E
Elektromagnetische Kräfte 54f., 77
Elektromagnetische Waage
 (s. Kompensationswaage)
Elektrostatik 54f., 77
Elementumwandlungen 5ff., 41, 124

F
Faussurier, André 41, 43
Fehlergrenze (s. Waage)
Feuchtigkeit, relative (s. Luft)

G
Geist, Geistiges 3, 5, 33f., 125ff.
Geist-Materie-Verhältnis 3, 5, 33ff., 125ff.
Gewicht 45f.
Gewichtsvergleich (s. Wägung)
Glas 73
 Beständigkeit, biologische 73
 Beständigkeit, chemische 67ff.
 Diffusionskoeffizient 72
 Oberfläche 66ff., 70f.
 Spannungen, interne 63ff.
 Struktur 62ff., 66ff.
 Zusammensetzung 66ff.
Goethe, Johann Wolfgang von 5, 34, 134fff.
Goethean Science Foundation 42
Griffith-Cracks 65

H
Hagen-Poisseuille-Gesetz 64
Hannay, Erskine 42f.
Hegel, Georg Wilhelm Friedrich 134ff.

Hensel, Herbert 37f., 43f.
Herzeele, A. von 5ff.
Herzeele-Versuche (s. Elementumwandlungen)

I
Interpretation (s. Deutung)

J
Jahreszeitenabhängigkeit
 (s. Deutung)

K
Kälber, Wolfgang 18, 20
Kaiser und Sievers
 Waage Modell PbP II 11, 17, 19
 Waage Modell CPK II 28, 42
Kalibration (s. Waage)
Keimvorgang (s. Kresse)
Kompensationswaage 48
Kompressionsmodul 48
Konstellationsabhängigkeit
 (s. Deutung)
Konvektion (s. Luft)
Kresse 7ff., 10ff., 36ff., 41ff., 83ff.
 Anbaumethode 27ff., 87, 108f.
 Keimvorgang 19, 100, 103ff.

L
Längenausdehnungskoeffizient 60
Lavoisier, Gesetz von (s. Materieerhaltung)
Lichtenergie 39f.
Luft
 Dichte 51ff., 57ff., 75f.
 Druck 28, 35, 52, 58ff., 75f.
 Feuchte 29, 52, 62f., 75f.
 Temperatur 28, 52, 60f., 75f.
 Transient 59f.
 Turbulenzen 62, 77

M

Masse 45f.
  Vergleich 46
Masse-Energie-Äquivalenz
  (s. Deutung)
Materialismus (s. Deutung)
Materie
  Erhaltung 8ff., 33, 36f., 127ff.
  Erzeugung 3, 5ff., 33ff., 127ff.
  Vernichtung 3, 8ff., 33ff., 127ff.
Methodik, experimentelle
  (s. Versuchsbedingungen)
Mikroporen (s. Glas, Struktur)
Mikrowaage 47f.
Mond, Mondphasen (s. Deutung, Konstellationsabhängigkeit)

N

Nebeneffekte, physikalische 50ff., 74ff.
Nichtreproduzierbarkeit (s. Deutung)

P

Partialdruckausgleich 63ff.
Permeabilitätskonstante 72
Personenabhängigkeit (s. Deutung)
Physisorption 70f.
Protokolle, R. Hauschkas Original- 17ff., 28f.

R

Radioakivität
  (s. Strahlung, radioaktive)
Ramsay-Fett 11, 17, 78f.
Reibung (s. Elektrostatik)
Reinicke, Günther 19f.
Relativwägung 48ff.
Reproduzierbarkeit (s. Deutung)

Rinck, Emile 36f., 43f., 80

S

Sachtleben, Peter 42
Sachtleben, Rudolf 19, 41f.
Sartorius-Waage R 160 P 84
Schaltgewichtswaage 48
Schimmel 114
Schwerpunktshöhenkorrektur 57, 77
Semimikrowaage 47f.
Siegellack 38, 79
Signifikanz, statistische
  (s. Statistik)
Spessard, Earle Augustus 38ff., 43f., 80
Spranger, Herbert 27f., 35
Statistik 11, 18, 28f., 90ff., 106ff., 136
Staub 73, 77f.,
Steiner, Rudolf 4, 133ff.
Stoff (s. Materie)
Strahlung, radioaktive 12, 37, 83
Substanz (s. Materie)

T

Transient (s. Luft)
Transmutationen, biogene
  (s. Elementumwandlungen)

V

Volumenausdehnungskoeffizient 60
Volumenmessung 18, 28, 89

W

Waage
  Ablesegenauigkeit
  (s. Empfindlichkeit)
  Eichungsfehler 57, 60, 77, 97

Empfindlichkeit 11, 17f., 20, 27f., 37, 84
Fehlergrenze 11, 17f., 20, 27f., 37ff., 47f., 84, 106f.
Funktionsprinzip 45ff.
Genauigkeit (s. Fehlergrenze)
Kalibration 50, 53f., 87, 97
Waagenerschütterung 50, 55f., 77, 84
Waagentypen 47ff.
Waagenüberlastung 20, 28, 55, 85
Wägefehler 50ff.
Wägetechnik 43, 46ff., 87ff., 123
Wägetisch 20, 50, 84
Wägeverfahren, Gauss'sches 20, 47
Wägeglas 10f., 17ff., 52
   Druckvariationen, interne 79
   Umweltabgeschlossenheit 78f.
Wägung 45ff.
Wasserhaut 29, 49, 56f., 61f., 66, 70f., 75f.
Windkorrektur 97f.
Wolff, Otto 40, 43
Wood, Norman 42f.

Z

Zuschmelzartefakte (s. Ampullen, Artefakte)

MATHEMATISCH-ASTRONOMISCHE BLÄTTER - NEUE FOLGE

1. A. BERNHARD. **Schauendes Geometrisieren.** Vom Würfel über den projektiven zum hyperbolischen und elliptischen Raum 1976.
2. W. VIERSEN. **Konstellationen in Bewegung.** Eine neue Phänomenologie von Opposition und Konjunktion. 1976.
3. G. UNGER. **Kontemplatives Mathematisieren.** Geometrische Verwandlungen. 1988.
4. P. GSCHWIND. **Der lineare Komplex - eine überimaginäre Zahl.** (2. umgearbeitete und erweiterte Auflage) 1991.
5. H. ECKINGER / G. UNGER. **Das Mass der Erde in der babylonischen Kultur.** 1979.
6. P. GSCHWIND. **Methodische Grundlagen zu einer projektiven Quantenphysik.** Goetheanismus, synthetische Geometrie und Quantenphysik. (2. Auflage) 1989.
7. J. MEEKS. **Planetensphären.** Versuch eines Ansatzes goetheanistischer Himmelskunde. (2. Auflage) 1990.
8. R. ZIEGLER. **Synthetische Liniengeometrie.** 1981.
9. CH. FRITZSCH. **Tropfenbilder.** Eine Betrachtungsübung. 1982.
10. R. STEINER. **Texte zur Relativitätstheorie.** 1982.
11. L. VOLKMER. **Zahlenphänomene.** 1983.
12. J. SCHULTZ. **Tierkreisbilder und Planetenlicht.** Versuche zum Studium ihrer Wirkungen auf das Pflanzenwachstum. 1986.
13. A. ROVIDA. **Übungen zur synthetischen projektiven Geometrie.** 1988.
14. G. ADAMS. **Lemniskatische Regelflächen.** Eine anschauliche Einführung in die Liniengeometrie und Imaginärtheorie. 1989.
15. P. GSCHWIND. **Raum, Zeit, Geschwindigkeit.** 1986.
16. S. BAUMGARTNER. **Hauschkas Wägeversuche.** Gewichtsvariationen keimender Pflanzen im geschlossenen System. 1992.